U0800024

绿色丛书

南方药用植物栽培技术

广州中医药大学首席教授　徐鸿华◎主编

南方日报出版社
NANFANG DAILY PRESS
中国·广州

图书在版编目（CIP）数据

南方药用植物栽培技术／徐鸿华主编．—广州：南方日报出版社，2001（2013.7 重印）
（绿色丛书）
ISBN 978－7－80652－042－0

Ⅰ．南…　Ⅱ．徐…　Ⅲ．药用植物—栽培　Ⅳ．S567

中国版本图书馆 CIP 数据核字（2000）第 36625 号

南方药用植物栽培技术　　徐鸿华/主编

出版发行：南方日报出版社
地　　址：广州市广州大道中 289 号
电　　话：（020）83000502
经　　销：全国新华书店
印　　刷：广州市怡升印刷有限公司
开　　本：850 mm×1168 mm　32 开
印　　张：8.5
字　　数：250 千字
版　　次：2001 年 1 月第 1 版
印　　次：2013 年 7 月第 2 次
定　　价：20.00 元

投稿热线：（020）83000503　读者热线：（020）83000502
网址：http：//www.nfdailypress.com/
发现印装质量问题，影响阅读，请与承印厂联系调换

目　录

一、丁　香

丁香，别名鸡舌香、公丁香，商品名为丁香。以干燥花蕾（公丁香）和未成熟果实（母丁香）入药，有温中降逆、补肾助阳的功效。其枝、叶、花梗、果实所提取出来的丁香油，常用于牙科的防腐剂和镇痛剂。其主要成分丁香酚广泛用于食品工业和香料工业。

植物形态与适生环境

丁香为桃金娘科常绿乔木，高 10～15 米。树皮灰白而光滑，叶对生，叶片革质，卵状长椭圆形，全缘，密布油腺点。叶柄明显，叶芽顶尖，红色或粉红色；花 3 朵一组，圆锥花序，花瓣 4 片，白色而现微紫色，花萼呈筒状，顶端 4 裂，裂片呈三角形，鲜红色，雄蕊多数，子房下位；浆果红色或深紫色，卵圆形，内有种子 1 枚，呈椭圆形。

丁香喜高温，年平均气温 23～24 ℃，最高月平均气温 26～27 ℃，最低月平均气温 16～19 ℃，生长良好。引种到我国南方尚有一定忍受低温的能力，当冬季 1～2 月，月平均气温 19～20 ℃，绝对最低气温 9～10 ℃时，生长发育正常，仍能抽枝吐叶，当气温 0 ℃时，植株死亡；丁香不耐干旱，要求年降雨量为 1 800～2 500毫米。苗期以及 1～3 年生幼树，喜阴，不宜烈日曝晒，成龄树喜光，需要充足的阳光才能开花结果。喜土层深厚，疏松肥沃，排水良好的黄壤和红壤。

丁香原产于印度尼西亚马鲁古群岛，现桑给巴尔、奔巴、马达加斯加、马来西亚、菲律宾和印度等地均有栽培。我国的药用丁香，历史上依靠进口。为解决用药需要，从 20 世纪 50 年代开始引种栽培，现海南已扩大试种，并连年开花结果。

栽培技术

育苗

1. 育苗地：宜选择靠近水源且有荫蔽的静风处，土壤以疏松的砂质壤土为宜。深翻土壤，打碎土块，施腐熟的干猪牛粪、火烧土作基肥，每亩 2 500～3 000 公斤。平整后，作宽 1～1.3 米、高 25～30 厘米的畦。

2. 育苗方法：用种子繁殖。

选种：采种母树最好是 15 年生以上、生长健壮、高产和抗病力强的植株。

采种与种子处理：7～8 月采摘紫红色的成熟果实，采后，不能日晒，即行播种。若从国外引进，宜用剥掉果肉及薄种皮的种子，用煮沸过半小时的湿木糠，作为种子包装垫充物，进行贮藏或运输，但湿度不宜过大。

播种期：丁香种子不能久放，要随采随播。

播种方法：开沟点播，沟深 2 厘米，株行距则随育苗方式不同而异。苗床育苗，株行距 10 ×15 厘米；营养砖育苗，株行距 4 ×6厘米。播种后盖上一层细土，以不见种子为度，切不要盖土太厚。播后 19 ~20 天即可发芽。3 个月后具 3 对真叶时，把幼苗带土移入装有腐殖质土的塑料薄膜袋或竹箩内，每袋（箩）移苗 1 株，置于天然林下或人工荫棚下继续培育。

3. 育苗地管理

（1）搭荫棚：播种前应设荫棚，棚高 1.6 ~1.8 米，棚顶可用茅草、树枝、葵叶，最好采用 3 ~4 厘米宽的竹片，保持 50%的荫蔽度，随着苗木的长大而逐渐撤除。到起苗前 1 ~2 个月，要使苗木得到较多的阳光，以锻炼苗木的耐光性。

（2）淋水、排水：幼苗既怕旱又怕过湿，要经常淋水，当幼苗刚出，晴天要每天各淋水 1 次，以后每两天淋水 1 次。当苗高 12 ~15 厘米时，7 ~10 天淋水 1 次，保持苗床湿润。但绝对不能积水，特别是雨季，要注意排水，否则易引起根腐病。

（3）中耕除草：苗床土壤不能板结，要经常松土。但松土时应注意勿碰伤小苗的主干和细根。除草要小心，如折断茎叶，会影响生长。

（4）施肥：出苗后 3 个月左右即开始施肥。每 1 ~2 个月施稀尿水或硫酸铵、尿素 1 次，如施化肥，开始浓度要稀，随着苗木长大而增浓，每次每亩施 1 ~2 公斤化肥为宜，在行间开浅沟施下，然后盖土。

（5）防寒越冬：幼苗特别怕冷，有低温霜冻出现的地区，冬季要做好防寒防霜工作，保证苗木安全越冬。措施是：临冬前施足基肥御寒；用稻草或塑料薄膜围盖，早揭晚盖；薰烟调节局部气温；淋水增加耐寒力。

种植

1．种植地：宜选择温和湿润、静风环境、温湿变化平缓、坡向最好为东南坡的地区，并选择土层深厚，疏松肥沃，排水良好的壤土栽培。如果在平原种植，地下水位要低，至少在3米以下。有条件先营造防护林带，防止台风为害。种植前挖穴，植穴规格为60×60×50厘米，穴内施腐熟厩肥15～25公斤，掺天然磷矿粉0.05～0.1公斤，与表土混匀填满植穴，让其自然下沉后待植。

2．种植时间：培育1～1.5年，待苗高40～50厘米时，选雨季阴天或晴天下午种植。一般广东湛江地区于3～4月，海南岛9～10月为种植期。

3．种植密度：株行距4×4米或4×5米。

4．种植方法：幼苗不宜修剪枝叶，以免影响生长和树型。苗床育苗，移植时要带土球，定植时把土球或营养容器苗移入植穴中，小心取出包扎物，不能栽得太深，使苗的根茎稍微高出地面，以防雨后下陷，造成穴内积水，填土后轻压周围松土。

5．种植地管理

（1）荫蔽：1～3年生的幼树特别需要荫蔽，由于植距较宽，可在行间间种高秆作物，如玉米、木薯等，既可遮荫，又可作防护作用，还能增加收益，达到以短养长的目的。

（2）除草、覆盖：每年分别在7、9、10月，在丁香植株周围除草，并用草覆盖植株，但不要用锄头翻土以伤害丁香根，林地上其他地方的杂草被割除作地面覆盖，还可作绿肥，代替天然植被覆盖地面。除草工作直至树冠郁闭而能抑制杂草的生长为止。

（3）补苗：丁香在幼龄期的致死因素较多，如发现缺苗，应及时补种同龄植株。

（4）排灌：幼龄丁香，根系纤弱，不耐旱，3年生以下的丁香树，干旱季节需要淋水，否则幼树干枯。开花结果期在干旱季节易引起落花落果，也要淋水，雨季前疏通排水沟，以防积水。

（5）施肥：定植后，一般每年施肥2～3次：第1次在2～3

月，每株施稀人粪尿 10 ~ 15 公斤或尿素、硫酸钙和氯化钾各 0.05 ~ 0.1公斤；第 2 次在 7 ~ 8 月，除施氮肥外，每株加施 0.1 公斤过磷酸钙或适量堆肥和火烧土，但不宜过量和紧靠根际，以免引起灼根造成腐烂；第 3 次在 10 ~ 12 月施以厩肥或堆肥，掺适量过磷酸钙和草木灰。

（6）培土：丁香树是浅根系，表土上层的细根必须避免受伤，同时这些细根不应露在土面，若露出要用肥沃松土培土 2 ~ 5 厘米。

（7）修枝：丁香树不需要大量修枝，但为了便于采花，可将主干上离地面 50 ~ 70 厘米内的分枝修去；若有几个分叉主干，应去弱留强，去斜留直，保留 1 个。上部枝叶不要随便修剪，以免造成空缺，影响圆锥形树冠的形成。

（8）防风：防护林的设置是确保丁香园完整的一项重要措施。此外，幼龄期在台风来临前要做好防风工作，可用绳子和竹子固定丁香植株树干，以减轻台风对丁香植株的摇动，从而减少为害。

病虫害防治

病害

1. 褐斑病：幼苗和成龄树都有发生，为害枝叶、果实，受害部退绿呈水渍状，出现微红色病斑，逐渐扩大成紫红色近圆形的斑点，中心变灰白色穿孔，受害植株枯萎、落叶，严重时枯死。防治方法：①可在发病前或发病初期用 1∶1∶100 倍尔多液喷洒；②清洁田园，消灭病残株，集中烧毁。

2. 煤烟病：主要是由黑刺粉虱、蚧类、蚜虫等害虫的为害而引起的。防治方法：①发现上述害虫为害时用杀虫剂喷杀；②发病后用 1∶1∶100 波尔多液喷洒。

3. 根结线虫：由一种线虫引起，为害根部。幼虫侵入根系后刺激根组织过度生长，形成大小不等、形状不规则的根瘤，患病株生长减退，叶色褪绿，叶缘卷曲，呈缺肥、失水状态，终至死亡。防治方法：可用3%呋喃丹颗粒剂穴施或撒施于根区。

虫害

1. 红蜘蛛：为害叶片，使叶片呈黄褐色，变为红色，扩展后叶色黄化、皱缩，最后叶片枯落。防治方法：用波美0.2～0.3度石硫合剂和75%克螨特乳油稀释2 000～3 000倍液喷杀。两种液体配合使用效果更好。每5～7天喷1次，连续2～3次。

2. 红腊介壳：为害枝叶，吸取汁液引起煤污病，致使生长受阻，树势衰弱，造成落叶枯枝。防治方法：冬季可喷10倍松脂合剂，50%马拉硫磷稀释1 000～1 500倍液喷杀，每隔7～15天喷1次，连续2～3次。

3. 大头蟋蟀：为害小枝、叶、幼干。防治方法：采用毒饵诱杀。先将麦麸炒香，然后用90%固体敌百虫30倍液，拌湿麦麸，傍晚放畦周围。

采收与加工

采收 一般种植5～6年后开花，25～30年为盛产期。在我国海南岛引种区，6～7月花芽开始分化，明显看见花蕾，当花蕾由淡绿色变为暗红色时，或偶有1～2朵开放时，即把花序从基部摘下，勿伤枝叶，这样可提高公丁香产量，又可减少丁香树养分的消耗。如果让花蕾继续生长，次年3月为盛花期，4～6月座果，并逐渐长成幼果，采收未成熟果实，即为母丁香。从花芽分化到果实成熟需经1年时间。

加工 采收后的丁香花蕾，拣净杂物于阳光下晒，若天气晴朗一般晒3～4天即可，为了充分干燥，花蕾不可堆得太厚，而且要定时翻动，晒至干脆易断即为商品丁香。

未成熟的幼果，采收后晒干，即为母丁香。

（撰稿：丁平）

二、儿　茶

儿茶，别名黑儿茶，又名乌爹泥、孩儿茶，其木材的水煎熬浸膏为中药儿茶。有收湿生肌敛疮的功效。是我国重要南药之一，过去药用全依靠进口，现在国内可以生产。此外，儿茶是鞣革、染料工业的优良原料。

植物形态与适生环境

儿茶为豆科落叶乔木，株高 6 ~ 13 米。树皮黄褐色或灰褐色，常为长条状剥离，但不脱落；小枝细，褐色或紫色，光滑无毛，有刺；叶为二回羽状复叶，互生，叶柄基部两侧各有一扁形钩状棘刺，小叶 20 ~ 50 对，无柄，小叶片线形；总状花序腋生，花小，黄白色；荚果扁而薄，紫褐色，有光泽，熟时开裂，内有种子 7 ~ 8 粒。花期 5 ~ 6 月，果期 10 ~ 11 月。

儿茶有喜温暖、耐寒、耐旱、忌积水、抗瘠的特性，为适应性较强的速生阳性树种。在国外，气温从绝对最低温度 0 ℃左右至绝对最高温度 48 ℃的地方均可生长。在我国南方年平均温度 21.6 ℃，能忍受 0 ℃低温。年平均降雨量 400 ~ 3 000 毫米。光照不足，则叶片发黄，植株生长瘦弱，到来年旱季逐渐死亡。对土壤要求不严，疏松肥沃或瘠薄的土壤均可，但以土层深厚、肥沃、湿润地为好，生长较快，在山坡、干旱瘠薄的土壤中生长缓慢。

儿茶国外产于印度、缅甸、印度尼西亚、马来西亚等地。在我国主要分布于云南西双版纳地区、海南，广东、广西、浙江、福建、四川、台湾等省（区）均有引种栽培，但产量不高，每年尚需从国外进口。

栽培技术

育苗

1. 育苗地：选靠近林地的向阳坡地、土层深厚、排灌方便的壤土或轻黏土为宜，播种前先将苗床地深翻，施腐熟堆肥与钙、镁、磷肥混匀，耙细整平，开 1.3 米宽的高畦。

2. 育苗方法：种子育苗移栽。

采种与种子处理：当荚果变为褐色尚未脱落时，应及时采收。采回的果实置日光下曝晒 3 ~ 4 天，使荚果完全开裂，取出种子，选粒大、饱满的种子，装入布袋挂于通风干燥处待播。

播种期：由于种子不宜久藏，最好采后即播。在雨季较晚的地区，4 ~6 月播种。

播种方法：在畦上开横沟条播，行距33厘米，深6~7厘米，每沟播种50~60粒。播种后盖堆肥或细土约1厘米厚，最后盖草淋水保湿。播种前将种子先行催芽，一般采用温热水（约50℃）浸种，任其冷却再浸24小时。经处理种子，播后4天即可发芽，且均匀整齐。

儿茶为深根性树种，侧根不发达，宜用塑料袋盛营养土或营养砖式育小苗造林。用打孔的营养袋（塑料袋）育苗，方法是将耕地表层土壤整细加适量堆肥拌匀作营养土，播种时把营养土装入袋内，袋口处留5厘米左右的空隙不装土，以便播种，将装好的营养袋搬上苗床，一袋靠一袋的放置，用细土将袋间空隙填满，每袋播种4~5粒，盖细土约5厘米。

3. 育苗地管理

（1）揭草、间苗：3~5天开始出苗，揭去盖草，否则影响出苗，注意淋水保持土壤湿润。

苗高5厘米时进行间苗，拔去弱苗、留壮苗，每沟留20株左右，营养袋苗每袋留1~2株。据多年的移栽观察，苗木粗壮、根大的成活率高，生长快，能越过旱季。

（2）除草、施肥：随时注意除草，结合浇水、追施人畜粪水或尿素2~3次，到第2年雨季，当苗高达50~70厘米，即可移栽。移栽时不能伤根，成活率高，效果好。此时营养袋苗亦可上山定植。

种植

1. 种植地：宜选择土层深厚、疏松、肥沃、排水良好的砂质土壤。也可种植于村旁、河溪旁、或作果园地边的篱笆和防护林。如山地造林，坡度较大的林地，宜按水平带状整地，平地可进行全垦或穴垦，穴的规格为60×50×40厘米。每穴可施腐熟的厩肥或堆肥10~15公斤作基肥，与表土混匀填入穴内，以待栽植。

2. 种植时间：宜在雨季选阴雨天进行。

3. 种植密度：株行距3×3米或3×4米，海南岛有采用4×5米。

4. 种植方法：播种苗，起苗后，剪去过长的主根和下部侧枝叶和上部嫩叶，以减少水分蒸发，一般留主根30～40厘米。然后将苗放进准备好的用牛粪、黄泥和水拌成的泥浆桶内，糊上泥粪，取出移栽。栽时应使根系舒展，每穴1株，填土踩紧，淋定根水，并盖草保湿。营养袋苗是将营养袋苗搬到事先挖好的穴内（每穴1袋）扯开袋下半部，使根部接触土壤，然后覆土踩紧，淋水定根，并盖草保持土壤湿润。

直播造林，在雨季前期将种子直接播于已整好的穴内，每穴播种7～8粒，播种深度1～1.5厘米，覆土切忌过深以免影响出苗。

此外，儿茶可用萌芽更新，砍伐后清理林地，待根株萌蘖长约60厘米时，选留健壮苗1株，经1年后，高达2米。但萌芽更新一般仅重复进行2次，以后生势衰退，需再行育苗栽植或播种造林。

5. 种植地管理

（1）除草、松土和覆盖：定植或直播后，每年松土、除草2～3次，以防止土壤板结和杂草荫蔽幼苗；雨季除草松土后，根际周围用草覆盖。

（2）间种：儿茶株行距宽，幼龄生长缓慢，林间空隙大，在林地可行短期间作，种花生、芝麻、绿豆等，既可抑制杂草生长，防止土壤冲刷，又可充分利用土地，促进儿茶生长。

（3）间苗：直播造林，当苗高6厘米时进行第1次间苗，每穴留苗4株；再过20天进行第2次间苗，每穴留苗2株；旱季极易引起枯苗，如干旱严重，定有死苗，则应在第2年雨季初再定苗。如有缺苗，应行补植，保证全苗。

（4）施肥：每年春秋各施追肥1次。新枝叶萌发前，追施人粪尿、硫酸铵或尿素等肥料；植株生长旺盛季节，可在树冠周围挖穴，将除掉的杂草填入穴内，并施入腐熟有机肥，过磷酸钙和硫酸铵。

（5）修枝、设支柱：儿茶生长势较强，枝多叶茂，往往影响树干心材的产量，应将离地面2米以内的分枝剪去，确保主干形成。幼树顶枝下垂，应设支柱，使其直立生长，并将倾斜植株及时扶正。

病虫害防治

病害

猝倒病：该病危害根、茎，幼苗期为多，当苗过密，荫蔽度过大，潮湿的环境下易发生，受害茎基很快干缩倒伏。防治方法：①控制湿度，播种地要通风向阳，排水良好；②发现病株及时拔除，用3∶1的石灰和草木灰撒于表土；③喷1∶1∶200倍的波尔多液或用50%多菌灵500倍液浇灌防止蔓延。

虫害　主要有地老虎、蟋蟀、蚜虫、毒蛾、粉蚧壳虫和毛虫。

1. 地老虎、蟋蟀：幼苗出土后，茎基常被咬断，造成缺株。防治方法：用50公斤米糠或麦麸炒香后加90%敌百虫0.75公斤做成毒饵，撒于幼苗周围，每亩撒5公斤，进行诱杀。

2. 蚜虫、毒蛾：成林后为害。防治方法：可用90%敌百虫稀释500～800倍或40%乐果乳油稀释1 000倍液喷射防治。

3. 粉蚧壳虫：此虫多聚集在枝杈上吸取汁液。防治方法：①用生石灰浆或波美5度石硫合剂刷除杈杆；②在植株根部撒石灰；③在幼龄期可用50%马拉硫磷乳油稀释1 000～1 500倍或辛硫磷稀释2 000～3 000倍喷杀。

4. 毛虫：咬食叶片和嫩梢，7～9月发生，为害严重，防治方法：用90%固体敌百虫800～1 000倍液喷杀。

采收与加工

采收　儿茶栽种10～15年以上即可采伐，树龄愈大，儿茶出膏率高，在冬季落叶后至次年春季采收为宜。将株高12米以上，胸径30厘米左右的适龄植株砍倒，连根挖出以待加工。

加工　将砍下的树除去树皮和白色边材，留黑褐色心材，人工劈成碎片，有条件的用车床削成宽10毫米，厚1.2～2.0毫米的松散薄片，加水4倍左右，浸泡24小时，用铝锅（忌用铁锅）煎煮沸约1小时浸提，再加水煮沸1小时浸提，稍冷后反复进行4～5次，最后滤液合并浓缩至稠膏状，冷却后倒入特制的方格模型内，模内涂上食油，以免粘连，晾干后倒出，即得儿茶膏。

（撰稿：刘军民）

三、三　七

三七，别名参三七、金不换、田七，商品名为三七。以干燥根入药，具有散瘀止血、消肿定痛的功效。它是我国传统的名贵中药材，是“云南白药”主要原料之一；有400多年的应用历史，在国内外市场上享有极高的声誉。

植物形态与适生环境

三七为五加科多年生宿根草本植物。主根肉质，单生或簇生，圆锥形或圆柱形，具明显横纹和细纵皱纹，表面灰褐色或灰黄色；茎高 30～60 厘米，近圆柱形，绿色或带紫色；叶轮生，掌状复叶，1 年生植株仅 1 片复叶，2 年生植株 2～3 片，3 年生植株 3～6 片，小叶 3～7 片，边缘有锯齿，羽状脉，叶面主脉与侧脉疏生刺毛；伞形花序，花萼绿色，花瓣黄绿色；果实近肾形或三棱形，嫩时绿色，成熟时红色；1～2 粒种子，白色，质坚。花期 7～10 月，果熟期 11～12 月。

三七喜冬暖夏凉，怕严寒、酷热。适宜生长的气候条件，四季温差变幅不大，33 ℃以上持续高温 3～4 天，易出现萎蔫现象，开花结果后期，遇骤冷或霜冻，花、果会冻坏。年平均降水量 1 500～2 000毫米以上。喜阴忌阳。土壤要求疏松、肥沃、湿润、排水良好，在砂壤或富含腐殖质的带钙质轻黏土上．生长良好。

三七主产云南、广西，种植历史悠久，产量大，质量好，称“道地药材”。现广东、四川、湖南、贵州、福建、江西、湖北、浙江亦有少量引种。

栽培技术

育苗

1．育苗地：宜选地势较高、向阳背风、近水源的南坡或东南坡，土壤疏松、肥沃，排水良好的砂质黑土缓坡地。荒地应提早翻耕暴晒，碎土后作畦，畦宽 1～1.2 米，周围作排水沟，沟宽 30 厘米，深 30～35 厘米，畦面铺盖杂草、茅秆，引火焚烧，以增加肥力及清除病虫害。

2．育苗方法：用种子繁殖。

选种：选 3～4 年生、生长健状、无病虫害、粒大饱满完好的母株所结果实作种。

采种及种子处理：每年 11～12 月，当三七果实鲜红发亮时，即可采种，随熟随采，连同花盘一起采收，将鲜果实放在箩筐内，置于清水中擦去果皮，洗净种子，稍晾，即可种子处理。迟播或外运的种籽，应堆放于阴凉通风处，用润沙贮藏。即播种籽，搓去果皮，放在清水中，沉底的种子为一级，浮于水面的为二级，分别播种。播种前用1:1:100的波尔多液浸泡种子5~10分种，浸后取出，洗净晾干后备用。

播种期：因种存放一周后，发芽率大大降低，应随采随播。一般从11月中旬至12月上旬，"尾籽"可延到翌年1月。

播种方法：多采用点播，用小锄划或木条印出跟种子大小1.5倍深的播种沟，将种子按株行距6×6厘米逐粒播入。盖上经消毒的基肥，再覆上薄茅草，播后及时浇水，浇水要轻浇、浇匀。每亩播种量10~12万粒。

3. 育苗地管理

(1) 调整荫蔽度：播种后，建造荫棚遮荫，早春荫蔽度为40%~50%，让三七炼苗；夏季荫蔽度为70%~75%；入秋减少荫棚覆盖物，使阳光适当。园四周透光度为50%。

(2) 调节温湿度：畦地四周应设篱笆和园门，供调节风、温、湿用。雨季开园门，降低园内湿度；温度高和风大时，打开背风面园门，迎风面园门开上半，关下半，使空气对流；寒冷天气园门全关。

(3) 淋水：遇几天不下雨应淋水，使苗床3厘米深表土保持湿润。做到轻、匀、适、透，不浇猛水、深水。雨季清理排水沟，做到园内无积水。

(4) 除草培土：勤除杂草，防止与三七争肥、争水，减少病虫害传播。如根部裸露，要及时培土。

(5) 施肥：适时追肥，5月前，每隔15~20天施1次草木灰；5月，施1~2次干肥；6~8月，每月追施1次清粪水。

(6) 防寒越冬：冬季，畦面加盖草，适当培土，灌溉，设篱笆防止冷风侵袭。

种植

1. 种植地：宜选海拔800~1 500米，凉爽背风的山脚或林间空地种植。土壤以疏松、肥沃、带砂质的黑土，不宜在西坡、积水洼地、黏土、干旱地种植。忌连作，忌以茄科作物为前茬。拾净杂草、树根、石块，对土壤进行消毒，精耕细作。

2. 种植时间：冬季 11 ~ 12 月，最迟不超过翌年 1 月中旬，即苗木地下部分处于休眠状态时进行。

3. 种植密度：株行距 15 × 18 厘米，每亩种植 1.5 ~ 2 万株。

4. 种植方法：起苗前 4 ~ 5 天浇 1 次水，使畦土松软，将苗木整株掘起，勿伤其根，轻轻剥除泥土，选无病虫害的健壮苗株，按大小分级，剪除地上残存部分，将种苗平置放入沟内，芽头向地下，芽嘴紧靠畦土，植后覆上 1.5 厘米厚细土，周围施种肥，再盖上一层茅草。土干者应浇定根水，用清洁水，忌用浑水，要求浇匀、浇透。

5. 种植地管理

(1) 搭荫棚：搭设荫棚，周围栽绿篱或设置篱围，以增加阴凉度和防止兽害。

(2) 除草培土：见草即除，露根要培土。

(3) 淋水：天旱及时淋水，早晚进行，用清洁水，忌用污染水、泥浆水。

(4) 施肥：种植后出苗展叶时，施 1 次干肥；6 ~ 8 月，每月追施清粪水 1 次；入冬剪去地上部分后，追施 1 次干肥。3 年生以上苗木，施肥应提早和增加，4 月开始，每亩施清粪水 1 500 ~ 2 000公斤，加施草木灰。雨季在现蕾期和抽苔期，追施干肥 2 次；秋冬施 1 次盖芽肥。有机肥要充分腐熟，细碎。开花时停止施肥，喷施 1% ~ 2% 过磷酸钙溶液，或在第 1 次追肥时，每亩加施磷肥（骨粉）10 公斤，促进开花结实。

(3) 摘苔：开花时，将刚抽出 1 厘米的花苔摘除，以提高根茎产量和质量，增强抗病力。

因抽苔时间不一致，摘苔应多次进行。

病虫害防治

病害　主要有立枯病、根腐病、炭疽病、白粉病、黑斑病。

1. 立枯病：为苗期主要病害。该病在高温低湿天气诱发，

4～6月最严重。发病部位在幼苗茎杆基部，初期呈黄褐色的凹陷长斑，逐渐深入茎内而腐烂，导致幼苗倒伏死亡。防治方法：①选用无病的种子育苗；②加强田间管理，注意排水；③发病时撒石灰封锁；④喷70%甲基托布津400～500倍液，每隔7～10天喷1次，连续2～3次。

2. 根腐病：该病症状，初期叶色不正，叶片萎焉，发黄脱落，地下部腐烂，严重时整个块根腐烂。全年均可发生，3～4月和8～10月为发病高峰期。防治方法：①选择健康种苗移栽；②施腐熟肥料；③发病时用70%敌克松制成药土撒施，每亩用量1公斤。

3. 白粉病：该病为害叶、花、果。被害叶片初期出现黄斑，叶背有白色粉状物；被害花盘出现“灰盘”。防治方法：喷施200～300倍波尔多液或粉锈宁500倍液防治。

4. 黑斑病：该病初期呈椭圆形浅褐色病斑，后变成黑褐色，病斑中心产生黑褐色霉状物，受害茎叶、叶柄易扭折死亡。防治方法：①发病时及时清除病株，烧毁；②用64%杀毒矾可湿性粉剂300～500倍液和58%瑞毒霉可湿性粉剂300～500倍液混配施用。

虫害　主要有红蜘蛛、蚜虫、粉疥、蛞蝓。

1. 红蜘蛛：以成虫和若虫群集在叶片背面及花序中吸食组织内养分，使叶片变黄脱落，花序萎缩枯花。防治方法：①使荫棚透光均匀；②用73%克螨特乳油2 000～3 000倍液喷杀。

2. 蚜虫：此虫专门吸食组织内养分，使叶片卷曲、皱缩、发黄，严重影响三七正常生长。防治方法：用40%乐果乳剂800～1 000倍液喷雾。

3. 粉疥：此虫专门在抽苔开花期吸食组织养分，使花果干枯死亡。防治方法：用40%乐果乳油1 000～1 500倍液喷雾。

4. 蛞蝓：多发生于雨季，此虫专门吃食幼芽、茎叶、花苔、花梗、小花。造成缺苗、减产或无收成。防治方法：喷施3%石灰水或20倍茶枯液。

采收与加工

采收

1. 三七块根：三七以不低于4~5年生采收为宜。9~12月采挖，挖前20天撤去荫棚透光。选择晴朗天气，收割时从离地10厘米处剪除地上部分，用竹木棍撬挖，或用铁耙挖取块根。

2. 三七花蕾：7月中旬进行，选择晴天，在距三七花蕾3~5厘米处剪摘，置于洁净容器中。

3. 三七茎叶：采挖三七时进行，用剪刀距地面2~4厘米处剪断茎杆，整齐堆放或扎成把，避免直接堆放在地上。

加工

三七加工工艺流程：分选→清洗→修剪→干燥→抛光→分级检验→包装。采挖收回后，洗去泥土，即行日晒或火烘（40℃以下），待“羊肠”（即芦头）、支根稍软，即削去再火烘或日晒。块根稍软时，转入铁筒或木箱中回转磨擦，使表皮光滑。每次转30分钟，拿出再烘或晒，反复3~5次，即成干爽的商品。遇雨天或阴天，宜用火烘或木炭烤，搭100厘米高烤架，上放竹帘，三七铺于上面烤干。注意火力要均匀，不宜过旺，还应经常翻动。

规格：每0.5公斤20个块根的称20头（药农称七王），40个的称40头，200~300个的称二外头，300个以上称无数头，头数愈少，价格愈高。另还有剪口七（支根）、七须（须根）、七花等规格。

（撰稿：徐新春）

四、大叶清化桂（肉桂）

大叶清化桂，树皮作中药肉桂入药，称南玉桂，为常用中药。有补火助阳、引火归源、散寒止痛、活血通经的功效。其嫩枝为中药桂枝；干燥幼果为中药桂子。从叶、枝中提取的挥发油，可供医药使用。国产肉桂也是重要的食用香料和轻化工原料，为我国主要出口物资之一。肉桂在我国入药已有 1 800 多年的历史。

植物形态与适生环境

我国药用肉桂，过去从越南进口，其原植物是大叶清化桂，为樟科常绿乔木，植株高12～17米，全株有芳香气。树皮灰棕色，幼枝略呈四棱形；叶互生，有光泽，嫩叶呈紫红色，老叶背面深绿色；圆锥花序腋生或顶生，花小，黄绿色；浆果椭圆形，初为绿色，成熟时为黑紫色。花期6～7月，果期至次年2～3月。

大叶清化桂喜温暖气候，年平均气温22～25℃，耐寒力强，在0～5℃时，成龄树未见寒害。年平均降雨量1 700毫米以上，相对湿度在80%以上时，生长旺盛。幼株喜阴，成株喜阳。土壤要求土层深厚，质地疏松，呈酸性的红、黄壤土，瘦瘠且土层浅薄，或常年干旱、排水不良的黏土不宜种植。

大叶清化桂原产越南清化省。从20世纪50年代开始引入我国获得成功，现我国广东、海南、云南、广西、福建、浙江、四川等省（区）有引种栽培。

栽培技术

育苗

1. 育苗地：宜选日照时间短、有适当荫蔽、水源方便、疏松、肥沃湿润、排水良好的砂质壤土。冬季全垦，碎土，除去宿根性草根和石块，施腐熟有机肥，耙平后作畦，畦面宽1米，畦间距33厘米，高15～20厘米。

2. 育苗方法：用种子、扦插、高压和嫁接繁殖。

（1）种子繁殖

选种：选10～15年生，种子大而结实，树干通直、皮厚多油、味道芬芳甘辛、生长健壮、无病虫害，由实生苗长成的植株为母株。

采种与种子处理：当果实成熟呈紫红色时采收，或分批采摘外表呈紫黑色的成熟果。采果后堆放3～4天，待其果肉腐烂后，将果肉全部擦掉洗净，经水选后，取出种子，晾干表面水分，不能日晒。播种前用0.3%的福尔马林浸种半分钟，然后倒出多余的药液，放入密闭缸内处理 2 小时，用清水洗去药液，并用清水再浸种 24 小时。为加速种子发芽，可用湿沙层积催芽，种子与湿沙比例为1∶3～4，混匀，然后放瓦盆中，底垫2～3 厘米厚的湿沙，再放入湿沙种子，上盖沙 2 厘米，加盖，当种子出现芽点时即可播种。

播种期：由于种子容易失去发芽力，宜随采随播。如无法做到时，应即将种子与两倍体积的润沙混合贮藏在阴凉处，但贮藏期不要超过 1 个月。

播种方法：采用开沟点播法，行距 21～25 厘米，沟宽 15 厘米，沟深 1.5～2 厘米，粒距 3～4 厘米。播后覆土 1.5 厘米，并在床面覆一层没有种子的杂草或稻草，以保持苗床的温度和湿度。播后 20～40 天发芽，发芽率约 80%～90%。

（2）扦插繁殖

插条选择和截取：选择生长健壮的优良母树嫩枝（皮层青绿色）和半嫩枝（皮层稍带灰褐色）作扦插材料。插穗用利刀剪切，下端切口成斜形，上端切口宜与干轴垂直，插穗长为 20 厘米左右，嫩枝插条顶端留 3～4 片叶，并将每片叶剪去 4/5。切好后的插穗应放在阴湿处。

扦插季节：以 3 月下旬至 4 月上旬为宜。

扦插方法：播条可用 1 500 ppm 萘乙酸溶液浸泡 10 分钟后，直插入砂床或清洁的泥床中。

一般扦插行距为 20～24 厘米，株距为 5～8 厘米，斜插入土达2/3，露出地面1/3，插后覆土压实。注意遮荫与保温，土壤干燥要淋水，30～50 天开始愈合生根。

（3）高压繁殖

高压枝选择：选择 2～3 年生，直径 1～2 厘米以上优良健壮的枝条进行高空压条。

高压季节：在新梢尚未长出，树干营养较集中的 3～4 月进行。

高压方法：先于枝条基部环状剥皮一圈，长约 2～3 厘米，切口要整齐干净，勿伤及木质部而折断，切口的皮层不要破裂或松脱而影响发根。用泥土和腐熟稻草拌匀，糊上剥皮部位并用塑料薄膜包裹，注意淋水，保持一定湿度。如气温适宜，10～15天切口愈合，30～40天后便可发根，待新根由白转黄或在春天新芽萌动时，即可将枝带根切断移栽在苗床上或盛有营养土的小竹箩内。

（4）嫁接繁殖（芽接）

砧木的选择：选用生长健壮的2～3年生的本地肉桂作砧木，在砧木离地15～20厘米处（东向较好），先横切长0.5～0.8厘米的切口，再从切口中央从上到下纵切一刀，大小与芽片相等，切开韧皮部长约2厘米左右。

接穗的选择和截取：从大叶清化桂的优株上，选取同砧木粗度相应、叶芽饱满的1～2年生枝条作接穗，用利刀在芽的上方2厘米处横切一刀，再在芽下方1～1.5厘米处，用刀向上削成长约3～4厘米芽片，略带木质部，要求光洁、平滑。

嫁接时期：夏季。

嫁接方法：将削好的芽片贴入砧木接口中，勿使芽片倒放，用塑料薄膜由下而上包扎紧密，但要露出芽头，防止雨水侵入和芽片失水，影响愈合。

3. 育苗地管理

（1）遮荫：育苗地荫蔽度控制在50%～60%为宜，若无荫蔽条件，需搭棚遮荫。待苗高15～18厘米时，撤去荫棚。

（2）除草、淋水：要防止杂草侵害，勤除杂草，并注意淋水灌溉。

（3）间苗移植：苗高7～10厘米时开始间苗移植，每隔6厘米左右留苗1株。

（4）施肥：幼苗移植后20天施稀人粪尿或尿素，以后每半个月或每月施用1次，半年后每2～3个月施肥1次。

（5）嫁接苗管理：包括松绑、解绑，剪断芽上方部分及萌条，固定新枝条等。

生产上还采用营养袋育苗，方法参照泰国大风子。

种植

1. 种植地：宜选缓坡地，富含腐殖质，土层深厚，排水良好的东向或东南向，山腰以下或山腹地段的黄壤、黄红壤土为好。定植前于秋冬整地，坡度较大者，宜采取水平带状整地，也可按初植密度进行穴状整地。穴的规格为60×60×50厘米，每穴施10公斤有机肥作基肥，将土、肥混匀后填入穴内，以待定植。

2. 种植时间：随各地气候不同而异，一般在新梢尚未萌发前，选阴雨天进行；海南、云南雨季定植。

3. 种植密度：株行距3×3米或3.5×4米，每穴定植1株。

4. 种植方法：起苗时要尽量带土，并先剪去部分叶片，仅留顶芽和1～2个叶片，起苗后稍修剪过长的主根，立即用黄泥浆根，保持湿润。栽时将苗木直立穴中，用熟土覆盖苗根，当填土到苗木根际原有土痕时，将苗木轻轻上提，使根系舒展，防止绕曲，最好分次填土与踏实，浇定根水，天旱时用草盖穴面。

5. 种植地管理

（1）中耕除草：定植后，每年冬末春初中耕除草1～2次。中耕时不要碰伤近地面的茎皮，以免促使萌发过多的萌蘖条，影响主干生长。冬末中耕后，注意做好覆盖和保温。

（2）间作：幼树株行间可间种高秆作物；成林树下，仍可间种喜阴湿的草本药用植物。

（3）施肥：幼龄期多施氮肥，每亩施有机肥500～750公斤，硫酸铵10～12公斤。成龄后每株施厩肥和过磷酸钙经沤制的混合肥5～8公斤。

（4）修枝、间伐：幼林期把靠近地面的侧枝，多余的萌蘖剪去。成龄树剪除病虫枝、弱枝和过密的侧枝。造林8～10年，可间伐干形不通直，生长弱和有病虫害的植株，减少荫蔽，促进生长。

（5）林木更新：成年桂树砍伐剥皮后，树桩萌蘖力很强，应及时选留正直粗壮的新枝1株继续培育成材，其余的除去，经抚育管理，可连续采伐。

病虫害防治

病害　主要有根腐病和炭疽病。

1. 根腐病：梅雨季节，由于排水不良，苗木常受到根腐病的侵害。主根首先腐烂，其后逐渐蔓延，使整个根系死亡，全部枯萎。防治方法：①加强管理，开好排水沟；②及时拔除病株，用石灰消毒病穴；③用50%退菌特稀释500倍全面浇洒。

2. 炭疽病：初期叶缘或者叶尖出现病斑，并逐渐扩展成不规则的大斑块，初为黑褐色，后变成灰白色，表面密生黑色小粒点，严重时整株落叶。防治方法：①加强田间管理，增强抗病能力；②及时清除病叶，集中烧毁，防止病菌传播；③发病流行期可用1∶1∶100倍波尔多液，每7天喷1次，防止蔓延。

虫害　主要有肉桂木蛾、天牛、金龟子。

1. 肉桂木蛾：幼虫钻蛀茎干并取食附近树皮和叶片，被害枝干易折断或干枯，虫口密度大时，严重影响肉桂生长。防治方法：①在幼虫孵化盛期用80%敌敌畏乳油稀释500～800倍液喷洒，每10天喷1次，共喷2～3次；②若幼虫蛀入木质部，可将新鲜虫孔内的虫粪清除干净，然后用棉球蘸90%敌百虫塞入蛀孔，并用泥封口；③剪除被害枝条，集中烧毁。

2. 天牛：有星天牛和樟红天牛。幼虫为害韧皮部，随虫体长大蛀食树的髓部成洞。受害部位枝叶干枯，遇强风易折断。防治方法：①在成虫羽化盛期，在树干上涂沫生石灰、硫磺、水（10∶1∶40倍）混合剂以防成虫产卵；②幼虫出现后，可用90%固体敌百虫500～1 000倍液喷杀；③发现树干有新鲜虫孔的粪便，立即清除干净，或将棉花浸于40%乐果乳油塞入洞内，或用注射器将配制好的药液从虫孔注入。

3. 金龟子：咬食嫩叶。防治方法：①人工捕杀或灯火诱杀；②虫口较密时可用90%固体敌百虫1 000倍液喷杀。

采收加工

采收

1. 桂皮：当树龄10年生以上，即可采收。采收季节以树液流动，皮层容易剥脱时进行。剥皮分环状剥皮和一定面积条状剥皮。环剥法就是按商品规格长度稍长（一般为41厘米），将桂皮剥下来，然后按商品规格的宽度略宽（8～12厘米）截成条状。条形剥皮即在树按商品规格的长宽度稍大的尺寸划好线，逐条地从树上剥下来。

2. 桂枝：每年修枝剪下筷子般粗细的枝条，或砍伐后不能剥皮的细小枝梢及伐桩的多余萌蘖，均可作桂枝入药。

3. 桂子：除留种外，于10～11月采收幼果或拣拾掉落地面的青果。

4. 桂油：肉桂叶、小枝、果实、桂碎均可用于蒸馏桂油。

加工

1. 桂皮：加工方法有多种，目前多采用箩筐外罩薄膜焖制法：将采下的桂皮，放入水池中浸泡一昼夜后捞起，洗去杂物，擦干表面水分或稍晾干，放入竹篓内焖制。竹篓外面用薄膜封严，箩内底部铺垫约10厘米厚的稻草、鲜桂叶，周围铺垫5～10厘米厚，然后将桂皮逐块地竖放竹篓内，上面再铺10厘米厚的稻草、桂叶，并盖上厚麻布，用砖头压紧，置室内阴凉处。每天或隔天将箩内桂皮上下倒换一次，如此焖制至竹篓内的桂皮内表面由黄白色转棕红色，即可取出晾干。

2. 桂枝：可截成约40厘米长的段条晒干，也可趁鲜湿时用切片机切成桂片晒干。

3. 桂子：将青果晒干。

4. 桂油：用水蒸汽蒸馏。

（撰稿：刘军民）

五、山 银 花（金银花）

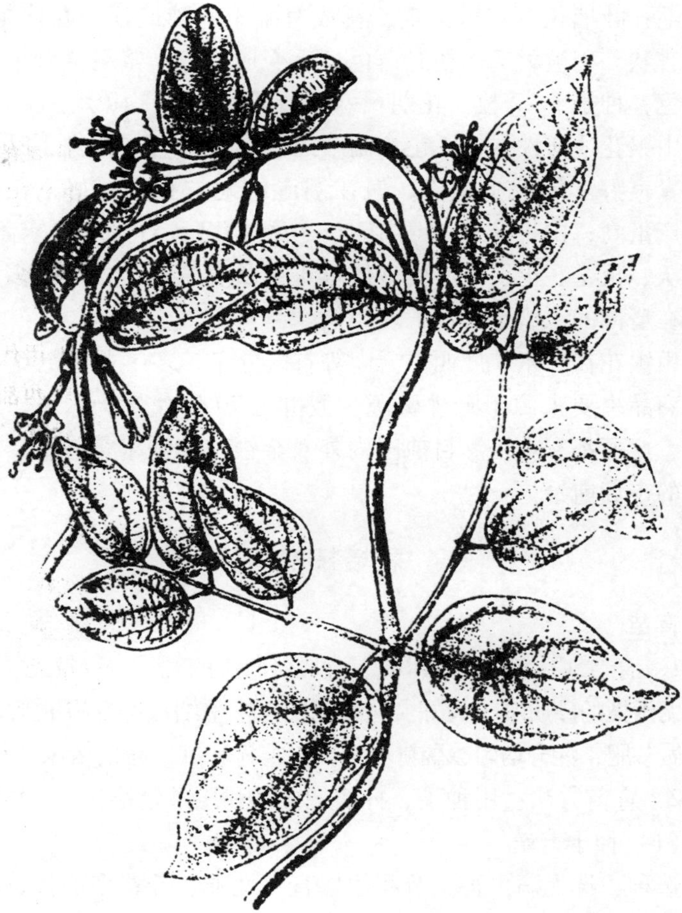

山银花又名土银花，与金银花功效无异，是药用金银花的品种之一。商品名金银花，以干燥的花蕾供药用，为清热解毒的常用中药，带叶的茎枝亦作药用，具有悠久的药用历史。

植物形态及适生环境

山银花为忍冬科多年生常绿藤本，茎长 2 ~ 4 米以上，老茎黄褐色至黑褐色，嫩茎节有环纹，幼时披毛，成年时全部脱落近无毛；单叶对生，卵圆形至椭圆形，主脉有短疏毛，叶背密生白短柔毛：叶柄长，有短柔毛；花成对生于叶腋或顶的花序柄上，花冠管状，稍被柔毛，初时白色，后变成黄色；浆果椭圆形，熟后黑色，种子 1 ~ 2 枚。花期 6 ~ 9 月，果熟期 8 ~ 10 月。

山银花适应性强，无论在温暖还是温和的气候条件下都能生长发育良好。能抗旱耐涝，但在潮湿的地方长势较好，花多花大，产量高；山银花是喜阳植物，切忌荫蔽；对土壤要求不严，在肥沃、疏松、土层深厚的砂质壤土生长发育迅速，开花多产量高，在瘠薄的土壤生长慢，产量低。

山银花在广东、广西、云南等省区分布较多，上世纪 60 ~ 70 年代商品主要来源于野生资源，上世纪 70 年代转为家种，现在广东、广西都有栽培。目前国内外对金银花的需求量较大，具有较好的市场前景。

栽培技术

育苗

1. 育苗地：宜选靠近水源、背风、向阳的荒地，以较肥沃、湿润、无污染的砂质壤土为好。播种前，深挖整细，每亩施堆肥 2 500 公斤做基肥，混合均匀，翻耕平整，作成宽 1 ~ 1.3 米的苗床。

2. 育苗方法：用种子、扦插、分株和压条繁殖。

（1）种子繁殖

选种：选无病虫害、节间短、直立性强、开花多的优良植株作母株。

采种及种子处理：山银花果实一般在 10 ~ 11 月成熟，当果实呈黑色时，即可采摘。摘下的果实，随手轻轻将果皮及果肉搓烂，用清水淘洗干净后，置于阴凉通风处晾干备用。不能让种子过于干燥后才播种，干燥的种子不能发芽。播种前将种子放入 80

℃温水中浸泡24小时，捞出后按湿润细沙与种子5∶1的比例拌匀，置于木箱或土坑内，上盖一层稻草，3天后翻动1次，约15～20天，待种子裂口出现白色芽点时即可播种。

播种期：随采随播或在早春播种。

播种方法：一般采用条播。按行距20～25厘米开成浅沟。将已催芽的种子均匀撒播在沟内，覆土0.5～1厘米，稍压平。上面盖草或搭棚保温，每亩播种子1～1.5公斤。10天左右即可出苗。

（2）扦插繁殖

插条的选择与截取：选择生长健壮、节密、无病虫害的1～2年生裂皮见白色的枝条，太嫩太老不行。剪成长20～25厘米的小段，去掉下部叶片。

扦插季节：春秋两季都可进行，但以春季雨后阴天，新芽没有萌发前为好。秋季扦插，当年的生长发育期短，植株幼小。

扦插方法：在整好的苗床上，按行距20～25厘米开沟，沟深10～15厘米，将插条按30度斜扦于沟内，株距2～3厘米，覆土后轻轻压实，淋透水，上盖稻草，10天左右开始出芽生根。

（3）压条繁殖：在春雨季节，先将母株旁的表土锄松，然后将1年生枝条埋入土中，压实使枝条先端露出地面，待压条萌发生根后，与母株分离形成新植株。

（4）分株繁殖：在早春2月，挖出萌蘖植株，或者挖野生的山银花进行分株移栽。

3．育苗地管理

（1）搭荫棚：播种或扦插育苗，须搭设荫棚，出苗或扦插生根后，逐渐拆除荫棚。有的产区采用活动遮荫物，晚上和白天需要时盖上，一般情况下早上揭开。

（2）浇水：遇天旱，要经常浇水，保持苗床湿润。

（3）除草：要勤除杂草，以免幼小植株被杂草淹没。

（4）追肥：扦插生根并长出2对新叶后开始追肥，半月1次，施用腐熟的稀人粪尿水。

（5）打顶：播种苗高1.5厘米，扦插苗长出3～5个节后，剪去项端部分，促其早发分枝。

种植

1．种植地：宜利用阳光充足的荒坡、田埂、山塘水库边、地边、河边等土层深厚富含腐殖质的地方种植。黏土和土壤瘠薄干旱的山顶不宜种植。植前挖穴，穴的规格40×40×35厘米，每穴施圈肥、堆肥和土杂肥5～10公斤，花生麸0.05公斤，过磷酸钙0.25公斤。或开宽2米的梯带。

2. 种植时间：春秋两季定植均可，春季4月中上旬，秋季宜在8月上旬进行。

3. 种植密度：株行距1.6×1.6米，每穴栽1株，或在带内种2行山银花。

4. 种植方法：由于山银花根系纤细，带土移植，成活率高。最好在定植前10天起苗移植在薄膜袋内，加强管理，稳定后定植。

山银花可直接扦插，方法如下：

选1～2年生枝条从着生的基部剪下，将枝条剪成40～50厘米长的条枝，每穴斜插2～3根，埋入土壤2/3，填土踩紧，使插条与泥土紧密结合。

5. 种植地管理

(1) 除草松土：每年2～3次，结合施肥进行，第1次在新叶尚未萌发前，第2次在头花采摘后。第3次在秋冬季霜冻前进行。除草松土时，在植株周围宜浅松土，以免伤根，要防止根系露出地面，并培土以保护植株，特别是冬季。

(2) 追肥：一般追肥多次。第1次开春前施“壮苗肥”，促使其长新枝。第2次于2～3月，重施“花前肥”，促使花序多，花量大。第3次于采花后进行，促使它恢复生长势。第4次在冬至前，施越冬肥。以腐熟的人粪尿、堆肥、圈肥为好，加过磷酸钙。施肥采用在花墩周围开沟施下，施后覆土，以免肥料流失。

(3) 打顶：当年抽生的新枝条能发育成花枝，打顶促进多发新枝，从而达到枝多花多的目的。

(4) 修剪：每年冬天或早春未萌发新芽前修剪1次，根据植株的生长情况，适当保留几根主干，将生长发育差、枯枝、弱枝、过密枝、病虫枝和沿土蔓生枝、徒长枝，从基部30厘米处剪去。对较大的株丛，要注意去内膛无效枝，生长旺盛的株丛要轻剪，生长弱的老株要重剪，以促其重生新枝。使植株形成伞形的灌木状，使丛生的枝条通风透光，多开花，而且不需要搭设支架，方便采摘花朵。

(5) 保花：山银花遇干旱无雨或雨水过多，均会成大大重落花、沤花和未成熟的花破裂，可在花蕾普遍有半粒米长时，进行

1次根外施肥，以人尿1尿壳、乐果15克、清水20公斤混合，用喷雾器喷洒，以减少沤蕾和落花。

病虫害防治

病害　主要有褐斑病、锈病。

1. 褐斑病：多在每年7~8月发生，发病后，叶片病斑呈圆形，或受叶脉所限呈多角形，黄褐色。防治方法：①发现后立即清除病枝落叶，集中烧毁；②增施有机肥，增强抗病力；③用1∶1∶150倍的波尔多液喷洒，每15~20天1次，连续2~3次。

2. 锈病：发病后，叶背生有许多茶褐色的粉末。有时在叶面产生褐色近圆形的病斑，病斑中心长出1个小疮，严重时叶片枯死。防治方法：用波美0.3度的石硫合剂喷雾，每隔10天1次，连续2~3次。

虫害　主要有蚜虫、天牛、尺蠖、木蠹蛾。

1. 蚜虫：一般4~5月间天气阴雾时蔓延更快。主要为害叶片、嫩枝及花蕾，使叶片、花蕾卷缩，产量显著下降。防治方法：用40%的乐果乳油稀释1 500~2 000倍，每隔7~10天喷1次，连续2~3次，但在采花前15~20天禁止喷药，以免农药残留于花中，影响药材的质量。

2. 咖啡虎天牛：以幼虫在皮下为害，随着长大便逐渐钻入茎杆中，蛀食木质部，形成不规则的弯曲孔道，受害植物枝条衰老、枯萎，新发枝条减少，并且茎杆逐渐枯死。防治方法：近年试用大田放天牛肿腿蜂天敌取得较好的效果。

3. 尺蠖：通常在3~4月采完头批花时发生，幼虫蚕食叶片，造成枝顶光秃，影响光合作用，减少产量。防治方法：通过剪枝清除基部枝条及枯叶，清理虫蛹越冬场所。

4. 木蠹蛾：幼虫蛀食根基部和茎杆，使植株长势衰落，不孕花蕾。防治方法：①及时清理花墩，收二茬花后，一定要结合修剪，剪掉虫枝，如修剪太迟．幼虫蛀入下部粗枝后再截枝，对花墩生长势有影响；②幼虫卵化盛期，用40%乐果乳油1 500倍液，并加入0.3%~0.5%的煤油喷施。

采收与加工

采收　采收山银花必须掌握时机，以花蕾由绿转为白色，上部显著膨大，即将开放为适宜采收的标志，即所谓“含苞待放”时采收。采花宜选择晴天清晨露水刚干时进行，这样采下的花可当天晒干，采收时只采花蕾，不要连枝叶一起摘掉，以免影响植株发育。

采收山银花藤可在秋冬进行，割取带叶的嫩藤，也可结合修枝采集。

加工 采回的山银花切忌堆置，否则易引起发烧，干后变黑，品质变劣，应及时晒干或烘干。

(1) 晒干 将山银花撒在石板上或三合土上，厚度随太阳光强度而定，强阳光厚些。也可将花薄摊在篾席或簸箕中，以不露出席面为度，放于全天能晒到太阳的地方曝晒，最好当天晒干，品质、色泽好。如当天不能晒干，应连晒具移入屋内，次日继续曝晒，在花晒至八九成干前，切忌翻动，否则花色会变黑。晒干后放置 3 天，再复晒 1 次，只晒半天或一天即可。

(2) 烘干 遇阴雨天气，可置于烘房中烘干，烘房要通风良好。每次不能太多，以免蒸发缓慢引起变色。烘干温度，初烘时不宜过高，一般 30 ~ 35 ℃，烘 24 小时后，温度可达 40 ℃左右，经 5 ~ 10 小时后室内应保持 45 ~ 50 ℃，烘 10 小时后水分大部分排出．再把室温升高到 55 ℃，使山银花速干，一般烘 12 ~ 20 小时可全烘干。烘干时不能用手或其他工具翻动，否则易变黑，未干时不能停烘，以免发热变黑。

有的产区将采回的鲜花，硫磺熏后才晒或烘干，可保持 3 ~ 5 天不霉坏，色嫩黄而鲜艳，且不易虫蛀。

（撰稿：钟小清）

六、千 年 健

千年健，别名千年见、一包针、山藕，商品名为千年健。根茎作药用。具有祛风湿、健筋骨功效。

植物形态与适生环境

千年健为天南星科多年生草本植物。株高 30 ~ 60 厘米，肉质根茎横走于地下，粗1~2厘米，长50厘米，表面粗糙，绿色，折断面淡棕色，气味芳香；地上茎短；叶互生，叶柄长，基部扩大成鞘状，叶片戟形，两面光滑无毛，侧脉多；肉穗花序，梗长10厘米，佛焰苞长圆形，淡黄白色；浆果具多数种子，种子长圆形，褐色。

千年健喜温暖、湿润，不耐寒。多生于山谷溪边、林下阴湿处，生长适宜温度为24~27 ℃，但气温在零下5 ℃或遇重霜时，叶片受冻害枯萎，根茎腐烂而死。喜湿润，怕干旱，年降雨量1 000毫米以上，空气相对湿度80%以上。喜阴，荫蔽度在70%~90%，忌强光，烈日直射，生长缓慢，易灼伤。土壤要求含水量在30%~40%，富含腐殖质的砂质壤土。瘠薄、干旱、无荫蔽的地方生长不良。

国外分布于印度、越南等地。我国主要分布于广西、云南、贵州、广东等省（区）。海南、四川亦有分布，广东主产于阳春、阳江、信宜。

栽培技术

育苗

1. 育苗地：宜选择阔叶林下，腐殖质丰富，湿润的沟谷地。全垦或带垦进行翻耕土壤，施入适量有机肥作基肥，起畦耙平。

2. 育苗方法：用扦插、压条、试管苗繁殖。

（1）扦插繁殖。

插条选择和截取：选择健壮的根状茎，截成10~13厘米小段，每段3~4节。

扦插季节：每年3~4月间。

扦插方法：在整好的亩床上按行距20厘米开深约5厘米的浅沟，按株距10厘米的距离，将插穗平放，覆上3厘米细土。保持土壤湿润，20天后可生根。

（2）压条育苗：在原地选择健壮的匍匐根茎，每隔15厘米覆盖1小堆土于根茎上，待被压的根茎长出新苗后，用小刀截取，作种苗移栽。

（3）试管苗培育：近年来采用根茎进行组织培养，快速繁殖获得成功。1 块外植体培养 1 年可得近 1 000 株试管苗。试管苗成苗率 80% 以上，生长速度与扦插苗近似。

3．育苗地管理

（1）遮荫：荫蔽条件较差时，应搭棚遮荫，荫蔽度调整到 70% ~80%，避免强烈阳光照射。

（2）淋水：经常淋水，苗床要保持土壤湿润。

（3）施肥：幼苗出土后追施氮肥 1 次。

种植

1．种植地：选择山谷溪边、阔叶林下阴湿处，荫蔽、土质环境条件较好的地段，全垦后起畦，同时施入充分腐熟的人畜粪、磷肥、草木灰、饼肥等有机肥作基肥，每亩施入混合肥 2 500 公斤。在施足基肥的畦面上，按行距开穴，穴的规格 15×15×5 厘米。

2．种植时间：一般在 4~6 月，扦插育苗 1~24 个月后可移栽种植。

3．种植密度：株行距 30~45 厘米。

4．种植方法：在整好地的大田，每穴栽 1 株苗，栽后覆上疏松细土。淋定根水。亦或不经过育苗阶段，直接将插条扦插于大田。一般按株距 20 厘米，在畦上开穴，每穴放插条 1 或 2 段，斜置于穴边，再覆土压实，盖土时应露出 1/3 的插条，最后在畦上盖一层稻草，以保持土壤湿润。

5．种植地管理

（1）遮荫：在无荫蔽环境下，应搭荫棚或间种高秆作物，荫蔽度控制在 60% ~70%。林下栽培，主要以树冠来调节光照，控制荫蔽度。

（2）补苗：定苗后应及时进行查苗，发现缺株及时补上，以保全苗生产。

（3）中耕除草：种植苗长出新根、新叶后，及时中耕除草，每年 2~3 次。

（4）追肥培土：视生长情况追施厩肥、火烧土、绿肥等有机肥，每亩追施 2 000~3 000 公斤。因千年健根茎不断向上生长，秋末冬初应视其长势结合追肥培土，以保暖越冬，促进植株生长。

（5）灌溉排水：生长期间要经常灌溉，保持土壤湿润。遇严重干旱时，全株叶片变黄脱落。雨季还应防止积水，以免烂根。

病虫害虫防治

病害　主要有缩叶病和根腐病。

1. 缩叶病：该病由病毒引起，发病后叶片皱缩成畸形，植株矮小。防治方法：①及时消灭传染此病的害虫；②彻底清除病株，并烧毁，消毒。

2. 根腐病：该病使地下根茎腐烂，地上部分随即枯死。防治方法：①用1∶20石灰水浇灌病穴；②用50%托布津1 000倍液浇灌病株。

虫害　主要有天蛾和蚜虫。

1. 天蛾：幼虫专食叶片，将叶片咬成残缺或吃光。防治方法：①及时人工捕杀；②幼龄期用90%的敌百虫稀释800倍液喷杀。

2. 蚜虫：为害芽或新叶，影响植株光合作用，严重时会造成死株。防治方法：用40%乐果乳油1 500倍液喷治。

采收加工

采收　种植3年后根茎长至40厘米以上时即可采挖，以秋、冬季采收品质为佳，用挖药铲连根挖起，采挖的范围要大一些，以免损根。

加工　挖出的根茎用刀去掉茎叶、须根，洗净泥土，刮净外皮，切成长15～40厘米左右的节段，晒干或低温干燥，即成商品。切忌将千年健切成片子或纵切成细条晒干，否则其有效成分挥发油散失太多，降低药效。

（撰稿：徐新春）

七、广州相思子（鸡骨草）

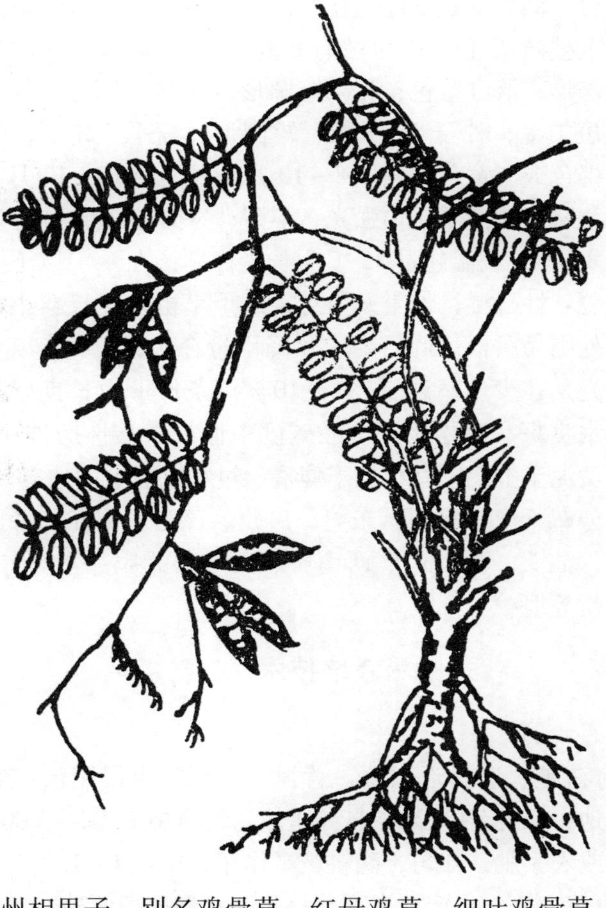

广州相思子，别名鸡骨草、红母鸡草、细叶鸡骨草。因其最先发现在广州白云山，故称广州相思子，商品名鸡骨草。以全株入药，具有清热解毒、舒肝止痛的功效。为广东凉茶的主要原料之一，历来作为治疗肝炎的良药，用药历史悠久。是广东、广西、海南等省的重要出口药材。

植物形态与适生环境

鸡骨草为豆科藤状灌木植物。木质藤本。茎细瘦，深红紫色，长达1米，常披散生长或缠绕在其他植物上，幼嫩部分密被黄褐色短粗毛；主根粗壮，直径可达12毫米，长60厘米，棕褐色或黑褐色；偶数羽状复叶，互生，小叶膜质，倒卵状矩圆形或矩圆形，上被疏柔毛，背面被有短粗毛，几无柄；总状花序腋生，花冠蝶形，淡红紫色；荚果矩圆形或线状矩圆形，扁平，疏生浅黄色短柔毛；种子4～7粒，矩圆形，扁平，光滑，熟后黑棕色、黄褐色或淡黄色。花期8～10月，果熟期10～12月。

鸡骨草喜温暖潮湿，怕强光，不耐严寒和高温，最适生长温度为22～30℃，气温超过35℃生长受抑制，在6℃以下则易受冻害或萎蔫。性喜湿，怕旱又怕涝，过干旱植株生长弱小，过潮湿或积水处则易腐根烂叶。要求年降雨量在1 500毫米以上。喜光但怕强光，在少量荫蔽（7%～10%）条件下生长良好。适宜生长于排水良好、疏松肥厚、酸碱度中性或微酸性的砂质壤土、轻黏土或黄泥土上。不宜种植于瘦瘠、过粘或过湿的地方。

主要分布于广东惠州、东莞、广州、茂名、阳江、肇庆、佛山、湛江、汕头、梅州；广西南宁、玉林、武鸣、邕宁、扶绥、钟山、钦州等地。

栽培技术

育苗

1. 育苗地：选择近水源、背风、向阳、土层肥沃、略带砂质的生荒地，深翻30厘米，打碎土块，每亩施2 500～3 000公斤腐熟堆肥或农家肥，拌匀，翻耕耙平作床，床宽1～1.2米。

2. 育苗方法：生产上有育苗移栽和直播种植两种。

（1）采种与种子处理：当荚果黄绿色时，及时采收，在通风处晾晒干后剥出种子，选饱满无病虫害种子作播种用。由于种子表面光滑坚硬，透水性差，播种时需处理种子，用2倍量的干细沙与种子拌匀，铺在水泥地面或木板上，用坚硬木棒来回研磨，或用木砂纸磨擦种子，致种子表面变得粗糙能透水为度。

（2）播种时期：3～5月进行。

（3）播种方法：可采用点播或撒播。点播按株行距2×3厘米；撒播，将种子与细沙混匀后撒播在已整好的苗床上，播后盖一层薄砂或细火烧土，浇水盖草保湿。有条件的可用农用薄膜直接覆盖畦面，出苗时即揭去。每亩用种量约1.5～2公斤，可移植60多亩。

3．育苗地管理

（1）除草淋水：播后常除草，浇水保湿，5～7天种子开始出芽。

（2）施肥：出齐苗后每亩薄施800～1 000公斤人畜粪尿。

种植

1．种植地：选择近水源、排灌方便、土壤湿润的丘陵山地、荒山草坡、旱地或无林地，新开荒地更好。秋冬季节深翻晒土风化，清除草根杂物，堆制火烧土作基肥，翌年春季碎土，拌施土杂肥或草木灰2 500～3 000公斤作基肥，整平后作高畦，畦宽1～1.3米，畦高20～30厘米。

2．种植时间：当苗高长至10～15厘米时。选择阴天、阴雨天或晴天下午定植。

3．种植密度：株行距30×30或20×25厘米。

4．种植方法：幼苗移栽时，应小心将小苗挖起，带少许根泥，勿伤根部，随起随栽，将幼苗种植在挖好的穴中，扶正，盖土3～4厘米，稍稍压实，浇定根水。

目前生产上采用直播：先进行种子处理。用细沙或砂纸磨擦，去掉蜡质层，再用25～30 ℃左右的温水浸种24小时，待其吸水膨胀后捞起播种，3月下旬，气温回升至20 ℃以上时，在整好的地上，按株距开穴播种，每穴播2～3粒种子，覆上1～2厘米薄土，盖上稻草保湿。每亩用种子量约0.4～0.6公斤。

5．种植地管理

（1）中耕除草追肥：早春勤除杂草。雨季土壤易板结，宜勤松土，利于植株生长。结合中耕进行追肥，第1次追肥在出苗15

天后，每亩薄施稀释的人畜粪尿 1 200 公斤。第 2 次追肥在摘心时进行，每亩施人粪尿 1 500 公斤。7 ~ 8 月追施有机肥，每亩施充分腐熟的复合肥 15 公斤拌人畜粪肥 1 200 公斤，或施草木灰 1 500公斤左右。秋后停止中耕追肥。

（2）排灌：经常保持田间湿润，久晴不雨，适当淋水，利于植株成活，雨季，要做好排水工作，防止烂根。

（3）间苗补苗：直播者出苗 15 天后，应进行间苗、补苗。间去过密过多的苗木，补上缺苗，使每亩保留苗木 8 000 ~ 12 000株。

（4）除芽摘果：在非留种地，当苗木初露花芽未结成荚果时，及时摘去，以减少养分消耗，促进主根营养物质的积累和主根的膨大，提高产量和质量。

（5）插条搭架：待苗高 20 厘米时，每 3 株的距离插上 1 支 2 米长的竹条或小树杆，以利其攀援。

病虫害防治

病害 主要有根腐病、炭疽病和叶斑病。

1. 根腐病：该病多发于夏季 6 ~ 8 月，为害根部，在肥沃积水地较易发生。被害植株根部腐烂，茎藤萎蔫，全株枯死。防治方法：①选择肥力适中，排水良好的砂壤地种植；②多雨季节，做好排水疏通工作，预防积水；③立即清除病株，烧毁，并撒上石灰；④用 1∶1∶120 波尔多液喷雾，每 7 天喷 1 次，连喷2 ~ 3次。

2. 炭疽病：该病为害叶片，造成叶片多病斑，甚至使叶片或藤蔓枯萎。防治方法：发病初期，用 1∶3∶300 波尔多液喷雾，每 7 天喷 1 次，连喷 2 ~ 3 次。

3. 叶斑病：发病初期叶尖出现淡红色斑点，逐渐向周围扩展，叶基出现淡灰色至灰白色，病斑边缘呈淡红色。防治方法：用 1∶1∶200 波尔多液喷雾，每 7 天喷 1 次，连喷 2 ~ 3 次；②用 70% 甲基托布津 1 000 倍液喷雾。

虫害 主要有蚜虫。

蚜虫：成虫或若虫吸食嫩叶和芽汁液，严重时造成茎叶发黄或落叶。防治方法：①冬季彻底清理园地，烧毁枯枝落叶；②为害期喷40%乐果乳油1 500～2 000倍液，每7～9天喷1次，连喷3次。

采收与加工

采收　种植当年或次年11～12月可采收。以次年采收者佳，收获时用铁锹将其全株连根挖起。亦可留宿根，只割地上部分。

加工　将挖起的植株去掉泥土、杂质和荚果（种子有毒），并将茎藤捆扎成束或数株至十数株藤蔓成短束，扎成倒“8”字形小把，堆放在太阳下晒干后即成商品。

（撰写：徐新春）

八、广金钱草

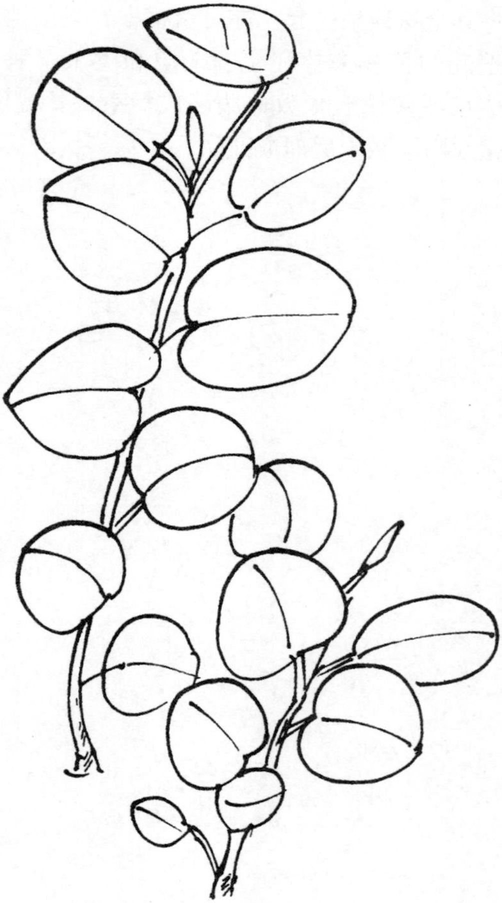

广金钱草，又名金钱草、假花生、落地金钱、铜钱草等，商品名为金钱草。以干燥的地上茎叶入药，有清热除湿、利尿通淋的功效。

植物形态与适生环境

广金钱草为豆科灌木状草本植物。植株高30~90厘米，茎平卧或斜生，枝圆柱形，密被伸展的黄色短绒毛。通常有小叶1片，有时3小叶，互生，顶端小叶圆形．革质，先端微凹，基部心形，上面无毛，下面密被贴伏的茸毛，脉上最密，如有侧叶则较顶端叶小，圆形或椭圆形，被毛，具小托叶，为线状披针形，具条纹；总状花序顶生或腋生，花小，蝶形，紫色，有香气，苞片卵形，被毛，花萼被粗毛；荚果线状长圆形，被短毛，一侧微波状，4~5个节，内有数枚种子，肾形。

生于荒坡、草地或丘陵灌丛中、路旁边。喜温暖湿润气候，最适生长温度为23~25℃。对土壤要求不严，较干旱贫瘠的土壤也能生长。

主要分布在广东、广西、福建等地，野生或栽培均有。

栽培技术

育苗

1．育苗地：宜选择山坡、溪边或灌木丛中均可，翻耕土地，清除杂草、树根，作畦，宽1~1.2米，高20厘米。

2．育苗方法：用种子繁殖。

选种：选择果粒大、饱满、无病虫害的植株为留种母种。

采种及种子处理：在10月果实成熟时采收，晒干后取出种子，选粒大、饱满的种子作种。广金钱草种子较小，种皮坚硬，且不透水，需用砂纸摩擦种皮，或用4倍的干细沙与种子拌匀，在盛器中轻轻研磨，至种皮变得粗糙失去光泽为度。经过处理的种子发芽率可由40%~60%提高到90%以上。

播种期：3月下旬至4月初。

播种方法：将种子均匀撒播在整好的苗床上，覆土0.5厘米，盖草，浇水保湿。

3．育苗地管理

（1）间苗：当苗长出3~6厘米时，去弱留强，去密留疏。

（2）施肥：幼苗出土后，适时追施草木灰，稀人粪尿水。

（3）淋水：根据天气情况，适当浇水，以保持湿润。

（4）除草：及时拔除杂草。

种植

1. 种植地：宜选排灌方便、土壤肥沃疏松的坡地或缓坡地。秋冬翻耕，春季整地起畦，畦宽1.2米，每亩施入3 000公斤的腐熟农家肥作基肥。

2. 种植季节：宜在苗高约15厘米时，选晴天早晨或阴雨天进行。

3. 种植密度：株行距25×15厘米。

4. 种植方法：在整好的畦上，开穴种植，每穴种1~2株幼苗。

5. 种植地管理

（1）除草浇水：苗期地面裸露较多，杂草生长快，应及时清除，直至封行。干旱时要及时淋水，保持湿润。

（2）追肥：苗长至25~30厘米时，施1次人畜粪水肥，之后每隔30~40天追施1次。在收割清理田园后，适当施腐熟的农家肥以促进新芽萌发生长。

病虫害防治

病害　主要有根腐病和霉病。

1. 根腐病：主要为害幼苗。发病后细根变褐色，逐渐向主茎蔓延，枝叶呈蔫状，后期全株死亡。防治方法：①选育抗病品种；②拔除病株，集中烧毁；③在发病处用0.3%的石灰水浇灌防止蔓延。

2. 霉病：主要为害生长期的茎叶。被害时为水渍状的斑点，扩大后腐烂。防治方法：①病部应及时除去和烧毁；②改善通风条件；③发病初期，用50%的甲基托布津1 000~1 500倍液喷雾，每15天1次，连续3~4次。

虫害　主要是黏虫、毛虫。

1. 黏虫：主要为害叶片，造成不规则缺刻，也为害嫩茎，严重时叶片被吃光。防治方法：①幼虫入土化蛹期，挖土灭蛹；②幼虫低龄期，用90%敌百虫1 000倍液喷杀；③利用幼虫有假死习性，可在清晨人工捕杀；④在成虫始盛期，用糖醋毒液诱杀。

2. 毛虫：幼虫取食叶片，当虫口密度大时，可把全株吃尽。防治方法：①冬季在被害植株周围翻土杀蛹；②在幼虫孵化期，用90%敌百虫2 000倍液喷杀幼虫，效果更好；③在成虫期用黑光灯诱杀成蛾。

采收与加工

采收 夏秋采收，当地上茎蔓长至50～80厘米时，割取地上茎叶。收割时注意割大留小，在较长的距茎基部10厘米处割取，以便再萌发出新枝，通常1年可收割2次。

加工 将割下的茎叶捆成小把，晒干即可。

（撰稿：丁平）

九、广藿香

广藿香又名藿香，以全草入药。有芳香化浊，开胃止呕，发表解暑的功效。藿香油是制造多种中成药的原料。广藿香是我国著名南药之一，使用历史相当悠久。

植物形态与适生环境

广藿香为唇形科多年生草本植物。茎高 30 ~ 100 厘米，有特殊香气。茎直立，幼茎方形，老茎近圆柱形，密被毛；单叶对生，具叶柄，叶片阔卵形或卵状椭圆形，边缘有锯齿，两面密被灰白色短毛，并有腺点；花排成顶生或腋生的穗状花序，花冠唇形，淡红色；子房上位，柱头二裂，小坚果椭圆形。在原产地菲律宾常开花，但在我国栽培少见开花。

广藿香原产热带地区，引种到我国热带、南亚热带地区栽培，由于年积温比原产地低，很少见开花，开了花亦不结果。它喜温暖，怕霜冻，生长适宜温度为年平均温度 22 ~ 25 ℃，最适宜生长气温为 25 ~ 28 ℃，低于零下 2 ℃时则大部分植株死亡。喜湿润，忌干旱，适宜于年降水量 1 600 ~ 2 000 毫米，雨量分布均匀，相对湿度在 80% 以上的地区种植。广藿香苗期不耐烈日，成株则可在全光照下生长。土壤要求排水良好、疏松肥沃、保水、保肥能力强的砂质壤土。

原产于菲律宾、马来西亚、印度等国。引入我国栽培历史悠久，主产地为广东、海南。广州市石牌产广藿香为地道药材，俗称“牌香”。

栽培技术

育苗

1. 育苗地：宜选避风的林间平缓坡地，土壤以排水良好，富含腐殖质的砂质壤土为好。

2. 育苗方法：主要采用扦插繁殖。

插条选择和截取：选取当年生 5 个月以上粗壮、节密、叶小而厚、无病虫害的的枝条作插穗。据药农经验，髓部白色，折之有响声，断面有汁液流出的枝条为好，取嫩枝的顶梢，截成长 10 ~ 15 厘米的小段，每段具 3 ~ 4 个节，剪去下部的叶片，仅留顶端两片叶和小的心叶。

扦插季节：一般在 2 ~ 4 月，当气温回升，雨季开始，植物体内液体流动旺盛时进行。有的产区则在7~8月育苗，秋季9~11月种植。

扦插方法：在整好的苗圃地上采用开沟条插，先在畦上按行距10厘米开横沟，沟深约6~8厘米，每隔6厘米插1根。如8月扦插，9月定植的，行株距还可密些，入土深约为插条的1/2至2/3，仅让顶梢大叶片露出土面为度，覆土，淋水，使插条与泥土紧密结合，盖上稻草或其他细草，厚度仅让插条露出顶芽为度，让它能起蔽荫作用。插后一般10天左右开始生根，25~30天便可移栽。

3. 育苗地管理

（1）遮荫：苗期要有适当的荫蔽，幼苗长大后，在酷暑天也要适当荫蔽，荫蔽度以40%~50%为宜。

（2）淋水防涝：插后生根前，每天早晚淋水一次，淋水量不宜过多，以浇湿畦为度。如遇连续雨天，要疏通沟渠，排除积水。

（3）施肥：插后生根长出新叶后便可施肥，肥料可选择腐熟的有机肥。最好在晴天施入稀人畜粪尿水为好。

种植

1. 种植地：宜选避风的林间坡地、河旁冲积地、村前村后的五边地等种植。以免强风、台风吹折质地脆弱的枝条。土壤以排水良好，富含腐殖质的砂质壤土为好。广东栽培广藿香常与水稻轮作，在晚稻收割后，即翻耕晒土，使土壤充分风化，增加肥力和地温，施以土杂肥、花生麸作基肥，至翌年栽植前再耕翻耙细，作畦，高30厘米，宽1~1.2米。

2. 种植时期：春分前后，雨水充足。秋季以秋分前后较适宜。

3. 种植密度：株行距30×30厘米，每亩共栽苗3 000株左右。

4. 种植方法：移苗定植宜选阴天或晴天傍晚进行。起苗前苗床要浇水湿透，以利带土，减少伤根。在畦的两旁挖穴，穴成“品”字形，每穴栽苗1株。栽后，覆土压紧。

广藿香插穗也可不经育苗直接插于种植地，时间方法同上，唯每段接穗稍长，浇水次数增加，插后立即搭棚遮荫。

5 种植地管理

（1）淋水：当畦面发白，可将水引入畦沟，水深达畦高 1/2～2/3，让水慢慢渗透湿润畦面为止。不能引水的地方，要每天淋水 1 次以上。同时要防止雨水过多而积聚，注意排水。

（2）间种：为了充分利用土地、光能，药农喜欢在广藿香行间间种蔬菜（生姜、白菜等）、瓜类（丝瓜、苦瓜等），利用瓜棚为幼苗遮荫。

（3）补苗：种植后要及时补苗，特别是直接扦插的，要补种同龄生根苗。

（4）中耕除草：春季定植时，正是雨季，土壤容易板结，杂草生长快，要勤除草，松土和培土。

（5）施肥：移栽成活后便可施肥，每隔 1～2 月施肥 1 次。肥料以人畜粪尿为主，每亩用量 250～350 公斤加清水 7 倍以上施用，或施硫酸铵 5～6 公斤，每公斤加水 100 公斤稀释。施肥不要淋在茎基部，并掌握先稀后浓，薄施勤施的原则。广州郊区多用腐熟的垃圾肥，每亩施 1 000 公斤，将畦沟的烂泥翻起盖住垃圾等有机肥，以加速垃圾腐烂分解，尽快供植株利用。

（6）防霜冻：需要过冬的植株，特别是秋季定植的幼小植株，抗寒能力差，故有霜冻地区栽培的广藿香，冬季应盖稻草或搭棚防霜，在当北风面，加盖塑料薄膜，以保暖防冻害。最好在秋末施入猪牛栏粪肥，加火烧土壅蔸保暖。

病虫害防治

病害　主要有斑枯病和枯萎病。

1. 斑枯病：此病多在高温多湿季节发生，危害叶片。开始时呈水浸状病斑，以后逐渐扩大成为多角形褐色病斑，严重时叶片干枯脱落，防治方法：①广藿香收获后，清除病残株，集中烧毁，消灭越冬病原菌；②结合喷药，给叶面喷施磷酸二氢钾，可提高植株抗病力；③发病初期喷 50% 多菌灵 800～1 000 倍液或

50%托布津1 000～1 500倍液。每天1次，连喷2～3次。

2. 枯萎病：是真菌引起的根部病害。主要发生于6月中旬至7月上旬。染病植株于根部和根状茎处发生腐烂，逐渐延至地上部，使皮层变褐色，萎蔫而死。在夏季多雨，排水不良的地方，发病尤其严重。防治方法：同斑枯病，另外要注意做好排水工作，降低田间湿度。

虫害 主要有蚜虫、红蜘蛛和地下害虫。

1. 蚜虫（藿香虱）：吃食叶片、嫩梢，影响生长，严重时把所有叶片，甚至连同茎杆吃光。防治方法：可用2.5%鱼藤精乳油稀释800～1 000倍喷雾防治。也可用烟筋骨水喷杀。

2. 红蜘蛛：危害叶片，可用40%乐果乳油稀释1 500倍喷雾防治。

3. 光头蚱蜢：用80%固体敌百虫稀释300～400倍喷洒防治。

4. 卷叶螟：幼虫在幼芽、幼叶上吐丝卷叶，藏于其中咀食叶肉，仅留下叶脉，形成秃顶。用90%固体敌百虫稀释300～400倍喷杀。

5. 地老虎、蝼蛄、蟋蟀等：这些虫咬断幼苗，可用敌百虫做成毒饵诱杀或人工捕捉。

采收与加工

采收 广藿香在种植8～10个月左右，多在枝叶旺盛生长期采收。但因各地气候、栽培习惯和轮作方法不同。有的采收期在当年11～12月入冬前进行，有的在翌年4～5月进行。采收时宜选晴天露水干后，拔起或挖起全株，抖去根上的泥土。

加工 收获后，要及时摊晒数小时，使叶片稍呈皱缩状态，捆扎成小把（每把约7.5～10公斤）分层交错堆叠一夜，将叶色闷黄，堆叠时切勿将叶与根部混迭。翌日再摊晒。摊晒时间的长短根据各地习惯而定，有的晒3天，堆放2天；有的晒5天，堆放3天。堆上用草席覆盖，再用尼龙薄膜盖面。反复摊晒至干。供蒸油用的，先将叶片或茎叶晒干后堆放一段时间，然后蒸馏。

（撰稿：贺红）

十、五指毛桃（五爪龙）

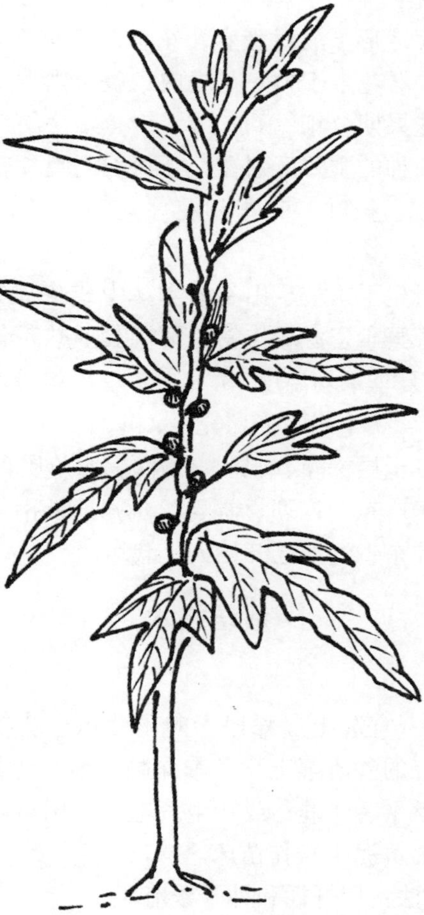

五指毛桃，又名五爪龙、南花、土黄芪。商品名五爪龙，以干燥根入药，具有健脾益气、化湿舒筋等功效。在广东河源和许多少数民族地区有较久的用药历史，为华南地区常用草药。

植物形态和适生环境

五指毛桃来源于桑科植物粗叶格或裂掌榕。粗叶榕为灌木或小乔木。嫩茎中空，全株具贴伏短硬毛或刚毛，有白色乳汁；根浅黄色，皮柔韧，有香气；叶互生，叶柄较长；叶片纸质，长椭圆状披针形或宽卵形，常具 3 ~ 5 深裂片，边缘具锯齿或全缘，表面粗糙；花序球形，成对腋生，花小，黄绿色，单性，雄花生于花序近顶部，雌花生于另一花序内；瘦果内藏，椭圆形，表面有瘤状突体。花果期全年。

裂掌榕与前种的主要区别在：叶深裂，裂片较长，中间的比两侧的长，小枝、托叶、叶背和花序均被金黄色、广展的长硬毛，花序较大。

五指毛桃野生于山坡、山谷灌木丛中或疏林下。性喜温暖湿润的环境。河源野生资源较丰富。河源具亚热带气候特征，年平均温度 20 ℃、夏季平均温度 28 ℃、冬季平均最低温度 10. 8 ℃；平均降水量 1 974. 7 毫米，光照充足，年日照 1 774 小时；土壤以山地红壤为主，土层深厚、肥沃、湿润、腐殖质含量较丰富。

主要分布于广东、广西、福建、贵州、云南等省区，以野生为主，目前在广东省河源已开始人工栽培。

栽培技术

育苗

1. 育苗地：宜选土层深厚、向阳背风、疏松肥沃、排水良好而保水力较好的砂质壤土。冬季深翻土地，让其自然风化，翌春进行碎土，整平，作畦；或在生荒地上，用黄心土（即表土层以下未耕作过的黄泥土）作苗床。

2. 育苗方法：用扦插和种子繁殖。

（1）扦插繁殖

插条的选择与截取：从生长健壮无病虫害的母株上剪取粗 1. 5 ~ 2 厘米老熟的枝条，截成长 15 ~ 20 厘米的插穗。

扦插时间：一般在春季进行，因为此时土温升高，土壤湿润，容易成活。

扦插方法：在整好的苗床上，按行距 15 厘米开沟，将插条斜插于苗床，插条距离 3 厘米，插入土中约为插穗的 2/3 或 1/2，露出地面 1 个节，插后浇水、盖草。

广东省河源采用塑料袋育苗：首先用营养袋装好部分黄心土或经过消毒的细土，将插条插入营养袋，每袋 1 根插条，袋内填满细土后，成排放于荫棚内已整好的畦上，然后浇水，保持湿润，20 天左右即可生根。

（2）种子繁殖

选种：选择 2～3 年生无病虫害的健壮植株作母树，并加强管理，保证多结实。

采种及种子处理：采取成熟的果实，取出种子，与湿润的细沙拌匀，放入挖好的坑内，进行层积处理（种子与细沙的比例为 1∶3）。

播种时间：一般在 3 月上旬播种，或随采随播。

播种方法：由于种子细小，拌适量的草木灰，均匀撒播于苗床上，薄盖一层细土，然后盖草浇水。

3．育苗地管理

（1）盖草：在播种的幼苗出土前，在苗床上盖上一层薄草，以保持土壤湿润，幼苗出土后即可去掉盖草。

（2）间苗：当第 2 片真叶形成时，宜间去过密的幼苗。

（3）淋水排水：要及时淋水，保持土壤湿润；在多雨季节，要注意排除积水，以防幼苗死亡。

（4）除草：勤除草，以防杂草淹没幼苗，以苗争夺养分，同时又可以保持土壤湿润。

（5）施肥：在幼苗期，可适量的施以腐熟的人粪尿、草木灰等农家肥。

种植

1．种植地：选择土层深厚、肥沃、排水良好、富含腐殖质的向阳坡地。种植前进行翻耕，让其自然风化，翌年春天挖穴，穴的规格为 30×30×25 厘米。穴内施基肥，以腐熟的农家肥为主。

2. 种植时间：一般在春季2～3，月苗高30～40厘米时种植最为适宜。

3. 种植密度：株行距50～70厘米。

4. 种植方法：将土与基肥拌匀后，选择健壮无病虫害的幼苗，放入穴中，每穴栽1株。将苗栽稳，填土压实，浇定根水。

5. 种植地管理

(1) 中耕除草培土：定植成活后，春夏季各进行1次中耕除草，除草后盖草，在冬季进行培土。

(2) 施肥：结合中耕除草施腐熟人粪尿，每亩2 500～3 000公斤；冬季追施厩肥、堆肥。

(3) 灌溉排水：在天气干旱时，要注意及时浇水，防止苗木干枯；遇多雨季节要注意排除积水，以防水涝。

(4) 修剪：五指毛桃以根入药，地上部分枝叶过于茂盛，影响根部营养积蓄，故秋后冬初适当修去地上过盛的枝叶。

病虫害防治

病害

炭疽病：发病后，叶片病斑近圆形或不规则，病斑褐色，天气潮湿时，病斑上有橙红色的点状粘物质。防治方法：①清洁田园，将病叶集中浇毁；②用1∶1∶100的波尔多液喷雾。

虫害　主要是卷叶蛾和黏虫。

1. 卷叶蛾：幼虫为害嫩叶和嫩芽。虫龄较小时，仅食叶肉，留下表皮；虫龄较大后，蚕食叶片，仅留叶脉，而且可将几张叶片卷曲成团。防治方法：①清除园内落叶、杂草，消灭越冬成虫，减少来年发生的虫源；②幼虫孵化后，用90%的固体敌百虫稀释1 000倍液喷杀。

2. 黏虫：主要为害嫩枝及树梢。防治方法：可用40%的乐果乳油1 000倍液，每隔7天喷1次，连续2～3次。

采收与加工

采收 野生植株在秋季挖取根部，除去杂质，洗净，运回。栽培植株，挖取时，植株基部留出 1/3 或 1/2，即挖一边留一边的根，培土施肥，加强管理，让基部萌出新根，2～3 年后再次采收，留下的老根第 2 年采收，如此轮流采挖，既减少新种植的费用，又可缩短采收年限，保证稳产高产。还有利环境保护。

加工 将运回的根按大小分级，并把细的根和须根切下，斩短段，或捆成小扎，大的根趁鲜切成片状，晒干即成商品。贮藏要注意防虫蛀。

（撰稿：钟小清）

十一、化州柚（化州橘红）

化州柚，又名化州橘红。药用部位为未成熟果实和成熟的干燥外层果皮，商品名称为毛橘红。具有散寒，燥湿，利气，消痰的功能，为常用中药。药用历史相当悠久。

植物形态与适生环境

化州柚为芸香科多年生灌木或小乔木。当地正品称正毛化州橘红，为常绿灌木，主干明显，粗而短，一般高0.5～1米，树冠高4米左右，枝梗短而粗壮，基本无刺，但也偶见，嫩枝梗稍扁起棱，密被绒毛；单身复叶互生，叶片厚，椭圆形，叶翼倒心形，叶片边缘密布绒毛，嫩叶尤多；叶腋处生总状花序或花束，花萼呈杯状，萼片4浅裂，花瓣4片，矩圆形，白色；果实球形，多心室，幼果全身被雪白绒毛。花期2～3月，幼果期3～4月，果熟期10月。

多生于阳光充足，气候温和的环境，能耐一定的高温和寒冷，11～35℃气温之间都能生长，22～26℃为生长发育最适气温。对水分要求比较严格，既不耐干旱，又不能积水涝浸，要求年降雨量1 600～1 800毫米，分布比较均匀。在土层深厚，质地肥沃，富含有机质，排水良好的砂质壤土上栽培为宜。

主产于广东化州，是广东的地道药材，广西也有栽培。

栽培技术

育苗

1. 育苗地：选择阳光充足、肥沃、湿润、富含有机质的土壤作苗圃，翻晒细碎泥土，清除杂草杂物，每亩施入沤制腐熟的优质土杂肥500公斤作基肥，整1米宽、20厘米高的畦。

2. 育苗方法：种子繁殖、嫁接繁殖、压条繁殖。

（1）种子繁殖

选种：选择树龄8～10年以上，生长健壮、无病虫害、果多、质好的正毛化州橘红植株，作采种母树。

采种及种子处理：从母树上摘取其成熟果实，取出种子，挑选饱满，均匀的种子即采即播或将种子凉干翌年春播。

播种期：春季或秋季均可播种

播种方法：在整好的畦面上以行距20厘米沟播或穴播，每隔10厘米点播1粒种子，或每穴播种2粒，播后覆盖薄土，保持苗圃湿润，14～20 天破土出苗。生长 1 年后即可移植。

（2）嫁接繁殖

枝接法：

砧木的选择和截取：采集同科属植物柚、柑桔、柠檬成熟果实种子育苗（方法同上），苗高 0.8～1 米时，在离地面 15 厘米处切断，下部留作砧木。

接穗的选择和采集：选无病虫害、健壮、果多、质量高的正毛化州橘红嫩枝顶端截取 15 厘米作接穗，在接穗基部两侧各削 1 刀，成“V”形，削面长 3 厘米。

嫁接方法：于 2～3 月份，从砧木断面内木质部部位向下垂直劈开，深约 3 厘米，一手拿嫁接刀将砧木切口撬开，一手将接穗插入砧木切口，使双方形成层韧皮部互相衔接，然后以薄膜包扎。接口愈合后，去掉薄膜，加强淋水、施肥，砧木有侧芽长出及时除掉。1 年生移栽大田。

芽接法：从正毛化州橘红树叶腋处切取 1.5 厘米方块芽作接穗，于砧木离地面 5 厘米处开 1.5 厘米方口，去表皮直至木质部，将接穗嵌入砧木开口处，韧皮部与韧皮部紧接，接后用塑料薄膜包扎牢靠，接穗芽眼要露出外面。接口愈合后，去掉薄膜。1 年后移栽大田。

（3）压条繁殖（高空压条）

压条的选择：选正毛化州橘红无病虫害、植株健壮、生命力强、果多质量好的母树枝条作压条。

压条时期：每年 2～3 月或 7～8 月。

压条方法：用嫁接刀将枝条环剥宽约 1.5 厘米表皮至木质部，过若干天，环剥两端出现瘤状时，以黏土、骨粉和水拌成糊状，再用稻草置水中浸数天，充分沾上糊状泥敷上环剥处，外用薄膜包扎，经常淋水，保持湿润，伤口长出根须成簇后截离母树移栽大田。

3. 育苗地管理

（1）遮荫：播种后，要盖草遮荫。

（2）淋水：土干时，要及时淋水，保持苗圃湿润。

（3）间苗：幼苗长出3片叶时，进行间苗，去弱留强，每穴留壮苗1株。

（4）除草施肥：每月除草1次，每2月施肥1次，结合松土。施肥以有机肥为主，适当施少量氮肥。

种植

1. 种植地：选向阳、肥沃、湿润的中性红壤土，适宜村边或屋前、屋后。冬季将场地深翻25厘米，晒干细碎，清除树根、杂草杂物，如果场地是斜坡，开垦成6米宽梯田，按株行距挖穴，穴的规格为60×50×40厘米，每穴放入沤制的优质塘泥或土杂肥25公斤作基肥，覆土填平待种。

2. 种植时间：一般在春季或秋季种植。

3. 种植密度：株行距为6×5米。

4. 种植方法：选阴天或下午阳光较弱时于原来挖好填平的穴挖小穴，每穴1株，将植株种下，舒展根系，分层回土分层压实，比原来稍深栽1~2厘米便可淋足定根水，搭支架固定植株，防止风、雨打翻植株。

5. 种植地管理

（1）中耕除草：新种未挂果前一般每年中耕除草3次，2~3月和5~6月各浅中耕结合除草1次，10~11月进行深中耕，先铲除场地杂草堆沤腐熟，培于树基部作培土护根，然后全面深翻25厘米，晒干打碎；挂果后，每年中耕除草2次，1月使场地疏松，促进花芽生长，进行浅中耕；10~11月促进根系生长，全面铲除场地杂草，堆沤腐熟，培于树的基部，然后，将场地翻25厘米，晒干打碎整平。

（2）排灌：正毛化州橘红怕旱怕涝，应十分注意排灌，尤其是挂果期间，如场地干旱，叶片变黄，嫩枝叶出现萎蔫，必需及时灌水，可沟灌亦可浇灌。雨季，注意打通排水沟，将积水排除。受涝时间过长，叶片变黄脱落，甚至死亡。

（3）追肥：春季1月施促花保花肥，于树基部1米处开穴，每棵施优质人粪尿50公斤，施后覆土填穴。春末夏初的3~4月间，施保果肥，每棵穴施沤制花生麸0.5公斤，磷肥1公斤。秋末冬初的9~10月施保树过冬肥，穴施每棵优质塘泥或土杂肥50公斤。

（4）修剪：在新梢萌动前剪除枯、老、病枝，同时适当剪掉阴枝、下垂枝，改善通透条件。

（5）摘花：新种植的2、3年生幼树所开的花，最好摘除，以免影响幼树生长，为今后高产奠定基础。

病虫害防治

病害 主要有根腐病。

根腐病：危害根系造成植株死亡。防治方法：发病初期可浇灌50%退菌特1 500倍液。

虫害 主要有天牛、潜叶娥、蜡蚧虫。

1. 天牛：天牛为化州橘红的大敌，幼虫蛀食皮部和木质部，被蛀食木质部成孔，皮层环剥，严重时引起局部枯干，甚至全株死亡。成虫咀食嫩枝嫩叶。防治方法：①5~7月，以浓石灰水涂刷树干，防止成虫在树干产卵；②人工捕杀成虫；③以钢丝伸入蛀洞内钩杀幼虫；④从蛀洞口灌入40%乐果原液，然后用泥塞闭洞口熏杀。

2. 潜叶娥：幼虫危害叶片和表皮，潜食叶肉，被害的叶片和表皮形成浅沟状虫道，叶片卷缩脱落。防治方法：用40%乐果2 000倍液喷杀，每隔7天喷1次，连续2~3次。

3. 蜡蚧虫：吸取果树枝干、叶片和果实汁液，造成枝条叶片干枯，树势衰弱，甚至死亡。果实被害后，生长发育不良而早落。防治方法：在害虫越冬期间，用钢丝刷刷除枝干上的蚧壳，使虫体裸露，然后喷波美4~5度石硫合剂或柴油乳剂（轻柴油1份、肥皂0.1份、水0.7份熬制而成），每7天喷杀1次，连喷3次。

采收加工

采收 根据不同的药用部分，捡取被风吹落的幼果、摘取被虫害致伤的幼果和摘取青熟果实。

加工

1. 橘红皮加工：将采下的青熟果实，置 80 ℃水浸 5 分钟，捞取晾干，用利刀平均等分割成 7 爪，刨出心室，按传统、现代、出口三种不同规格分别加工：

（1）传统加工　将切开剖出心室的皮，再削除果内肉（俗称囊）平铺晒至果皮发软时对折，用木板压平实，摆入竹笪内晒干或焙干即可。

（2）现代加工　将橘红果实剖开后去掉心室，对折，压结，碾压数次，烘至六成干后，再碾压数次，阴干或烘干，麻绳扎结实，10 片为 1 扎。

（3）出口加工　取出心室后剖净果内肉至见油眼，对折，夹于竹笪内，凉至八成干，取出用剪刀剪成直径 13 ~ 17 厘米，各爪大小相等的规格，印上“化州正毛橘红”字样，然后晾干或烘干，相对贴叠，50 片 1 扎，宽度一般为 12 厘米，用红头绳扎结实。

2. 橘红幼果加工：将捡取和摘取的幼果以及不符合加工橘红皮的小果，去掉泥沙杂物，置沸水中烫 10 分钟，取出烘干或晒干。

（撰稿：贺红）

十二、爪哇白豆蔻（豆蔻）

爪哇白豆蔻，又称白蔻，白豆蔻，商品名为豆蔻，以干燥成熟果实入药。具有化湿消痞、行气温中、开胃消食的功效。我国药用白豆蔻过去一直靠进口。

植物形态与适生环境

爪哇白豆蔻为姜科多年生草本植物。外形似姜，有根状茎和地上茎。根状茎横生于土中。有明显的节，每节有潜伏芽，是萌发花和地上直立茎的部位；植株高 1.5 ~2 米，基部茎节缩短肥大呈头状，紫红色；叶互生，叶片披针形，全缘呈波状，叶面光滑，叶鞘紧抱茎，茎基部的叶鞘呈红色；穗状花序纺锤形，从根茎上的潜伏芽发育而成，每一花序上有 7 ~40 朵花，花冠黄色，大唇瓣中间黄色，间有紫色彩条；蒴果近圆形，果皮白色，具三棱，顶端微紫，成熟时一般不开裂，内有种子多数，成熟时种子黑褐色，极芳香。

爪哇白豆蔻耐寒能力较差。适宜在年平均温度 22 ~23 ℃，若遇 4 ℃以下的低温，则叶片发生轻度寒害，0 ℃时则地上部分全部死亡，花期对温度反应较敏感，曰平均气温低于 20 ℃，则花一般不开放。要求充沛的雨量，一般年降雨量在 1 500 毫米以上。要求全天散射光和一定的荫蔽度，幼苗期荫蔽度为 85%，随着苗群的生长，荫蔽度逐渐减少，为了促进花芽形成，一般控制在60% ~70% 为宜。要求土层深厚，肥沃湿润，排水良好的砂质壤土。腐殖质含量低的黏土和容易积水的地方，易引起烂根，不宜种植。

爪哇白豆蔻原产印度尼西亚热带雨林。自上世纪 60 年代开始引种试种成功后，填补了我国白豆蔻种源的空白，目前海南岛、云南西双版纳有较大面积栽培。

栽培技术

育苗

1. 育苗地：要靠近水源，排水良好，疏松肥沃的砂质壤土作苗床。通过翻耕土壤，施足基肥，清除草根石块、细碎土块后，施腐熟牛栏粪或堆肥作基肥，畦宽 0.8 ~1 米，沟宽 40 厘米。

2. 育苗方法：用种子和分株繁殖。

（1）种子繁殖

选种：选择优良品种，植株生长健壮、果粒大、种子饱满、无病虫害的植株作母株。

采种及种子处理：一般在 7～8 月上旬，果实呈淡黄色，种子质硬，呈深褐色时采收。作种用的果实不宜烈日下曝晒和久藏，以免失去发芽力。脱去果壳，选取充分成熟、饱满、粒大的种子作种。播种前先催芽，如种子量少，可用种子四倍的湿沙混合后置于盆中，经常保持湿润，在 30～35 ℃气温下，一般 10 多天即可出芽点，此时取出播种。翌年春播的种子，需藏于潮湿沙中，放在凉爽的地方。

播种期：一般选取 8 月初至 9 月随收随播种。

播种方法：按行距 10～15 厘米开沟条播，播种后覆土 0.5 厘米，床面盖草，20～30 天开始出土，从播种到齐苗约需 40～60 天。当幼苗出现 2～3 片叶时，进行间苗或移床，促进叶片加速增加，至 5～7 片叶时，植株开始分蘖，苗高 30 厘米左右可出圃定植。

（2）分株繁殖

在田间选择健壮高产的植株，剪取其根状茎，每一根茎上具有 2～3 个地上茎。一般生长茂盛的 2 年生株丛，可取 8～10 小丛作种苗用，随挖取随种。

3. 育苗地管理

（1）遮荫：幼苗出土时，将盖草轻轻拨至行间，以利出苗，出苗时要搭设荫棚，以防止烈日曝晒。

（2）除草：幼苗生长缓慢，容易被杂草覆盖，应及时除草。

（3）间苗：如密度过大，容易染病，应及时间苗或移床。

（4）淋水：要注意淋水，保持土壤湿润，多雨季节要注意排水。

（5）施肥：移苗成活后开始施肥，初期可结合淋水施 1∶8～10 倍的稀尿水，或 100 公斤水加 0.2 公斤硫酸铵。随着苗的生长，浓度可适当加大。

种植

1．种植地：宜选择海拔700米以下的山地中下部缓坡地，具有一定数量的常绿阔叶树，冬季寒流影响较小，坡向为东南向，两面有山或三面环山的山沟或水边不易冲刷的地方，腐殖质丰富的砂质壤土。按1.5～2米行距翻耕土地，结合整地，砍去杂草疏木，挖去树根，开穴，穴的规格为50×50×30厘米。施基肥，在坡地上开排水沟，以防积水和冲刷。缺少荫蔽树的地方，先种速生树。

2．种植密度：株行距1×1.5～2米。

3．种植季节：在雨季阴天进行，其他季节也可种植。

4．种植方法：每穴栽种子苗2～3株，不要栽得过深，以免影响发根抽笋。栽后压实，淋定根水。

5．种植地管理

（1）除草、割枯苗：定植后封行前，及时拔除杂草，注意不要伤幼茎和须根。收果后，及时除去枯、弱、病残株。密度过大的，多剪一些弱苗。

（2）追肥、培土：定植初期和初出果后，应重施人粪尿或硫酸铵水溶液，以促进苗群生长。进入开花结果期，应施氮、磷、钾全肥，并配合施土杂肥、火烧土等。也可在结果期用2%过磷酸钙水溶液作根外追肥，以促苗促花，增大果实，提高结果率。爪哇白豆蔻为浅根系植物，须根多，常散生在土表，在秋冬施肥后进行培土，但不宜过厚，以免妨碍花芽抽出。

（3）灌溉排水：高温干旱会引起叶片卷缩、萎黄、植株生长纤弱；若花期遇干旱，则花序早衰，开花少，花粉和柱头粘液也少，造成授粉不孕或幼果干死，此时要及时灌溉或喷洒，增加空气湿度。雨季要修好排水沟，以免积水引起烂根烂花。

（4）调节荫蔽度：育苗阶段要求80%～85%荫蔽度，开花结果阶段，则要求70%的荫蔽度，入冬时可增加到80%。

（5）人工授粉：爪哇白豆蔻花朵结构特殊，不易进行白花传粉或异花授粉，故需人工辅助授粉。在正常气候下，上午7时以后开花，8时后陆续散粉，10时花粉达到成熟，故人工授粉应在每天上午 8～12 时进行为宜。具体方法是用竹签挑起花粉涂在漏斗状的柱头上即可，花粉多时挑一朵花的花粉可授 2～3 朵花。

病虫害的防治

病害 主要有猝倒病和烂花烂果病。

1. 猝倒病：在高温多雨季节，苗圃湿度过大，通风不良，小苗叶背出现近圆形块状的白色丝状物，茎基部出现水渍状，浅褐色病斑，严重可导致直立茎倒伏，最后整丛腐烂。防治方法：①可在播种前用退菌特进行土壤消毒；②出苗后用 1∶1∶120 倍的波尔多液预防，每 10 天喷 1 次，并注意排水。

2. 烂花烂果病：高温多雨季节，花序基部、果实和果实在苞片的裸露处，初呈水渍状灰色斑块，渐扩大使果皮变为暗褐色，果壳爆烈，嫩种子呈米黄色而腐烂，向上蔓延至花序项部，使花序干枯，病花病果触之即脱，严重减产。防治方法：选地势高燥的地块种植，并注意排水。

采收与加工

采收 采收一般在 7 月中至 8 月初，当种子由浅红色变褐色时即已成熟，及时剪下果穗。如留种用，必需待种子呈黑褐色收获。

加工 摘下果实，去掉泥沙，低温烘干或晒干即成商品。

（撰稿：丁平）

十三、巴戟天

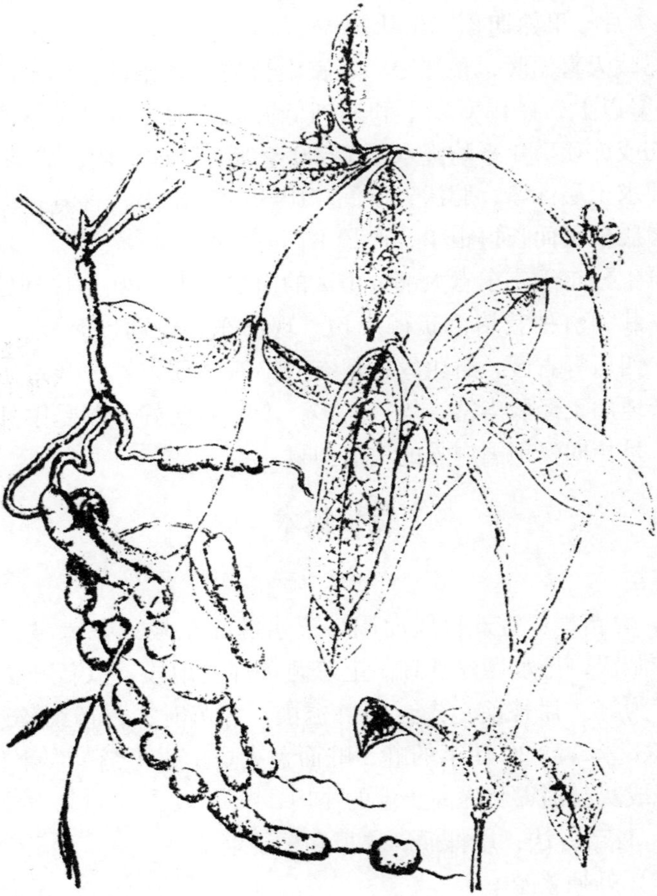

巴戟天，简称巴戟，别名鸡肠风，商品名为巴戟天，以干燥肉质根供药用，为补肾壮阳的常用中药，是传统的出口药材，也是我国著名的南药之一。在广东作药用约有 200 年的历史。

植物形态与适生环境

巴戟天为茜草科多年生木质藤本植物。根圆柱形，收缩成串珠状，似鸡肠；茎圆柱形，灰绿色或暗褐色，小枝初被毛，后变粗糙；叶对生，矩圆形，上面初被毛，下面沿中脉被粗毛；伞形花序，花冠白色；果近球形，红色；种子1～4粒，近卵形。花期6～7月，果熟期8～10月。

巴戟天喜温暖，怕严寒。适宜生长的气候条件，年平均气温在20℃以上，在0℃以下和遇到低温霜冻时，常导致落叶，甚至冻伤或冻死。年平均降水量1 600毫米。幼株喜阴，成株喜阳。土壤要求土层深厚、肥沃，湿润。肥沃的稻田土，含氮过多的土壤，肉质根反而长得很少，产量不高。

野生分布于广东省大部分山区的山谷林下。60年代开始，野生转家栽和引种栽培，获得成功。现广东、广西、海南、福建、江西、四川等省区，野生家种俱有。广东高要、德庆栽培历史较长，产地加工经验丰富，等级品多，产品品质好，深受中外客商欢迎，是长期畅销国内外的地道药材。

栽培技术

育苗

1. 育苗地：宜选背风向阳，近水源的东坡或东南坡，土壤疏松，肥沃，排水良好且有一定遮荫条件的地段，以新开垦无污染地段为好。播种前，先行翻耕土壤，育苗时，再行细碎疏松，作成宽1米，高20厘米的畦，畦面盖火烧土，再铺一层干稻草，点火烧成灰起消毒和提高土温的作用。

2. 育苗方法：用扦插、块根和种子繁殖。

（1）扦插繁殖

插条选择和截取：选择1～2年生无病虫害、粗状的藤茎，从母株剪下后，截成长5厘米的单节，或10～15厘米具2～3节的枝条作插穗。插穗上端节间不宜留长，剪平，下端剪成斜口，剪苗时刀口要锋利，切勿将剪口压裂。上端第1节保留叶片，其他节的叶片剪除，随即扦插。不能及时插完的插条，用草木灰黄泥浆浆根，放在阴湿处假植。

扦插季节：一般多以春季雨水前后为宜，此时气温已回升，雨量渐多，插后容易成活。

扦插方法：可按行距15~20厘米开沟，然后将插穗按1~2厘米的株距整齐平列斜放在沟内，插后覆黄心土或经过消毒的细土，插穗稍露出地面，一般插后20天即可生根，成活率达80%以上。为了促进生根，可将插穗用生长刺激素处理。

如不经过育苗直接栽于生产地，可按株距40~50厘米开穴，每穴栽2~4段插穗，露出土面不要超过2厘米，以免插穗因水分散失过多而致干枯，插后压实土壤。

（2）块根繁殖

块根选择和截取：选根茎肥大、均匀、根皮不破损、无病虫害的作种苗，截成长10~15厘米的小段。或在采收巴戟天时，在不能供作商品药材的小块根中选取。

块根育苗方法：在整好的苗床上按行距15~20厘米开沟，然后将块根按5厘米的株距整齐平列斜放在沟内，覆土压实，让块根稍露出土面1厘米左右。

（3）种子繁殖

选种：选粗壮无病虫害的植株作留种母株，加强管理，保证多开花结实。

采种及种子处理：巴戟天定植2年后开花结果，一般在9~10月陆续成熟，当果实由青色转为黄褐色或红色，带甜味时采摘。采回的果实，擦破果皮，把浆汁冲洗干净，取出种子，选色红、饱满、无病虫的种子进行播种，或将采下的果实分层放于透水的箩筐内，一层沙、一层草木灰、一层果实，经常保持湿润。

播种期：由于种子不宜久藏，最好是随采随播，以10~11月为宜。经过层积贮藏的种子，最好在翌年3~4月进行。

播种方法：点播按株行距3×3厘米，撒播密度不宜过大。播种后宜用筛过的黄心土或火烧土覆盖约1厘米深。经1~2个月，种子便可出芽，幼苗成活率可达90%左右。

3. 育苗地管理

(1) 遮荫：扦插后，搭设荫棚或插芒箕遮荫，荫蔽度可达70%～80%以上。随着苗木生根成活和长大，应逐步增大透光度，育苗后期荫蔽度控制在30%左右。

(2) 淋水：经常保持土壤湿润，淋水最好在早晨或傍晚进行，水要清洁。

(3) 施肥：在苗木生长期间可适当施用石灰、草木灰、火烧土。

(4) 摘顶芽：待苗高30厘米时，应将顶芽摘去，以促进分枝、枝条粗壮、须根发达，并可缩短苗期，提高移栽成活率。

(5) 防寒过冬：在冬季有低温霜冻的地区，应在入冬前做好防寒措施，可在原有荫棚架上加盖稻草，周围设防风障，或采用塑料薄膜，提高土温，但应根据天气变化揭开、覆盖塑料薄膜。

播种苗的管理，荫蔽度稍小些，60%左右即可，摘顶芽可在苗高15～20厘米时进行。块根育苗如抽芽过多，可选留1～2个壮芽，其余剪除。

种植

1. 种植地：宜选择林中空地或山坡中下部，土层深厚，疏松的砂质壤土。若灌木丛生的林地，应在冬季，将林木杂草清除烧灰作肥料，也可保留一部分树木作遮荫，如遇有山苍子、樟树等含挥发性物质的树根，严重危害巴戟天生长，要通过深翻土壤，拔除干净。

2. 种植时间：春分前后，雨水充足，定植后恢复生机容易。秋季以立秋至秋分前较适宜。

3. 种植密度：株行距30～50厘米，每亩共栽苗达2 000株。

4. 种植方法：起苗前，剪去先端部分，只保留3～4节的枝条，叶片也可剪去一半，起苗后用黄泥浆浆根，以减少水分消耗。定植时穴内施火烧土和经过沤熟的过磷酸钙等混合肥，每穴栽苗1～2株。

5. 种植地管理

(1) 中耕除草：定植后前2年，每年除草2次，即在5、10

月各除草1次。由于巴戟天根系浅而质脆，用锄头容易伤根，导致植株枯死，靠植株茎基周围的杂草宜用手拔，结合除草进行培土，勿让根露出土面。

（2）施肥：待苗长出1～2对新叶时，可开始施肥，以有机肥为主，如土杂肥、火烧土、腐熟的过磷酸钙、草木灰等混合肥，每亩1 000～2 000公斤。忌施硫酸铵、氯化铵，猪、牛尿。如种植地酸性较大，可适当施用石灰，每亩50～60公斤。

（3）修剪藤蔓：巴戟天随地蔓生，往往藤蔓过长，尤其3年生植株，会因茎叶过长，影响根系生长和物质积累。可在冬季将已老化呈绿色的茎蔓剪去过长部分，保留幼嫩呈红紫色茎蔓，促进植株的生长，使营养集中于根部。

病虫害防治

病害 主要有茎基腐病、轮纹病、烟煤病。

1．茎基腐病：该病在10月下旬开始侵入巴戟天茎基部，近地面3～5厘米处开始发病，出现白色斑点，茎皮多纵裂，常有褐色树脂状胶质溢出。有时在茎基部的纵裂面发生腐烂枯死，植株逐渐痿黄，叶片脱落，甚至死亡。防治方法：①要加强田间管理，增强抗病能力；②不要施铵类化肥，造成巴戟天组织柔软，增加土壤酸性；③调节土壤酸碱度，减轻病害发生；④发病后，把病株连根带土挖掉，并在坑内施放石灰杀菌，以防病害蔓延。可用1∶3的石灰与草木灰施入根部，或用1∶2∶100的波尔多液喷射，每隔7～10天喷1次，连续2～3次。

2．轮纹病：该病主要为害叶片，受害部分开始出现淡黄色晕圈，后由褐色变暗褐色，随后病斑不断形成，呈轮纹斑，即同心圆，中央脱落穿孔，严重时叶片枯黄脱落。防治方法：可用1∶2∶100的波尔多液喷射，每隔7～10天喷1次，连续2～3次。

3．烟煤病：该病是由于蚜虫、介壳虫和粉虱等害虫为害引起的。茎、叶、果受害后，表面生暗褐色霉斑，逐渐扩大成黑色的霉层，由于茎叶被黑煤状物覆盖而影响光合作用，使巴戟天生长衰退。防治方法：①通过防治虫害可达到防病效果；②用50%

退菌特 800 倍液喷射，每隔 7 ~ 10 天喷 1 次，连续 2 ~ 3 次。

积极开展生物防治试验，可用木霉菌制剂进行防治。

虫害　主要有蚜虫、蚧壳虫、红蜘蛛、粉虱、潜叶蛾。

1. 蚜虫：在春秋两季巴戟天抽发新芽、新叶时为害。此虫可使幼芽畸形，叶片皱缩，天气干旱时为害更严重，造成茎叶发黄。防治方法：①可用 40% 乐果乳油稀释 1 500 倍；②用烟草 0.5 公斤配成烟草石灰水喷射。

2. 蚧壳虫：成虫、若虫吸食茎叶汁液，并可引起煤烟病。防治方法：幼龄期用 40% 乐果乳油 0.5 公斤，煤油 0.05 ~ 0.1 公斤，兑水 750 公斤喷杀。

3. 红蜘蛛：成虫、若虫群集于叶背或嫩芽吸食汁液并拉丝结网，使叶变黄，最后脱落。防治方法：用 73% 克螨特 1 500 ~ 2 000 倍液喷杀。

4. 粉虱：以幼虫吸食叶片汁液，严重受害的叶片从鲜绿色变为黄褐色甚至枯萎。防治方法：可用 40% 乐果乳油稀释 1 500 倍，或波美 18 度松脂合剂稀释 20 ~ 25 倍喷杀。

5. 潜叶蛾：幼虫潜入叶片，蛀食叶肉，呈现弯弯曲曲的圈纹。防治方法：可用 40% 乐果乳油稀释 1 000 ~ 1 500 倍喷杀。

采收与加工

采收　巴戟天定植 5 年后才能收获。过早收获，根不够老熟，水分多，肉色黄白，产量低。收获时间全年均可进行，但以冬季采者为佳。起挖后随即抖去泥土。挖取肉质根时尽量避免断根和伤根皮。

加工　去掉侧根及芦头，晒至六七成干待根质柔软时，用木棰轻轻棰扁，但切勿打烂或使皮肉碎裂，按商品要求剪成 10 ~ 12 厘米的短节，按粗细分级后分别晒至足干，即成商品。老产区常用开水泡烫或蒸约半小时后才晒，则色更紫，质更软，品质更好。

（撰稿：刘军民）

十四、玉 竹

玉竹别名萎蕤、连州玉竹，商品名玉竹，其中又分西玉竹和海玉竹。广东、湖南、广西等省区以西玉竹为主，多为栽培品。以干燥根茎入药，是养阴润燥的常用中药，并可供食用，药食历史悠久。广东连县产“连州玉竹”质量优良，驰名港澳。

植物形态与适生环境

玉竹为百合科多年生草本。茎单一，高 20～70 厘米，栽培品可达 1 米，上部稍斜，具纵棱，光滑无毛，绿色；根状茎肉质，地下横生，呈压扁状，圆柱形，表皮黄白色，断面粉黄色；叶互生，叶片椭圆形，长 5～12 厘米，宽 3～6 厘米，先端钝尖，基部楔形，全缘，表面绿色，背面粉绿色；花 1～3 朵，栽培品可达 8 朵，腋生，绿白色，花被筒状，顶端 6 裂，裂片卵圆形，雄蕊 6 枚；浆果球形，成熟时黑紫色，种子卵形，表面光滑，淡黄色。花期 5～6 月，果期 8～9 月。

玉竹生长适应性较强。一般平均温度 9～13 ℃时，从根茎出苗，18～22 ℃时现蕾开花，19～25 ℃时地下茎增粗，温度下降在 20 ℃以下，果实成熟；在广东省一般于 2～3 月出苗抽苔，5～6 月开花，6～8 月地下茎发育，8～9 月成熟，9～12 月植株停止生长，整个生命周期为 210～230 天；水分对玉竹的生长较为重要，一般月平均降水在 150～200 毫米时地下茎发育最好，降水量在 25～50 毫米以下时，玉竹的产量会显著下降；玉竹对土壤的要求不严格，但以土壤深厚、肥沃、疏松、排水良好的向阳坡地为好。

玉竹野生分布较广，南北均产，南方主产于湖南邵东、祁阳、广东连县等地，北方主产于河北张家口、承德等地。

栽培技术

种植

1. 种植地：选择土层深厚、肥沃疏松、排水良好的背风向阳坡地为宜，最好是前茬作物为豆科植物，作物收获后，立即耕翻，深 30 厘米以上，捡除石块草根，耙碎土块，作畦。南方多采用高畦，畦宽 1.3～1.6 米，畦高 20～30 厘米，每亩施堆肥、土杂肥等约 2 500～3 000 作基肥，撒于畦面，再浅挖翻入土中。

2. 繁殖方法：以地下根状茎繁殖。

（1）根状茎繁殖

根茎的选择：于秋季收获时，从当年生长的苗杆粗壮的植株中，选取无病虫害、无黑斑，无麻点、无损伤、肥大、黄白色的根状茎作种用，随选随种，下雨天不能下种时，需摊开在屋内背风阴凉处，以免霉烂。

栽种季节：一般南方在10月上旬至10月下旬栽种，最迟不能超过立冬，有的地方不过小雪，否则会影响新根的发育。栽种时亦选晴天或阴天进行。

栽种方法：常采用条播，在畦上开横沟，行距30厘米，沟深17～20厘米，株距13～17厘米。将根状茎芽头部分切成长约3～7厘米为一段，排放在沟内，排放有双排并栽和单排密植。

双排并栽法：即将种茎放在横沟内，摆成“八字形”，其芽头一行向右，一行向左，放于沟中用土压实，并注意畦两边的芽头应向畦内为好，以免长出畦外。

单排密植法：将种茎在横沟中顺排摆成单行，芽头一左一右，其优点是植株长出地面发展平衡，易受阳光照射，促进光合作用，有利于生长，提高产量。

3．种植地管理

（1）中耕除草：玉竹栽种后，第2年春季出苗，及时除草，用手拔，切勿用锄，以免伤嫩芽，雨后或土壤过湿不可拔草，以免脚印积水造成地下茎腐烂。

（2）追肥培土：1年施肥2次，当苗高7～10厘米施肥1次，在行间开浅沟，每亩施入人畜肥800～1 200公斤，施后盖土过冬。至冬季倒苗后，在行间浅松表土，每亩撒施腐熟干肥（牛粪、土杂堆肥）400～500公斤，施后培土7～10厘米。加盖青草或枯枝落叶，可增加肥效，保持表土疏松温润，促使新茎肥厚色白，并能防止雨水冲刷及防止新根露出土面。第3年春季出苗后，每亩施入人畜水肥1 000～2 000公斤，然后培土。

（3）排灌：玉竹最忌积水，在多雨季节应注意排灌。

病虫害防治

病害 主要有灰斑病、锈病和烂根病。

1. 灰斑病：发病后，叶片出现圆形病斑，边缘呈紫红色，中央灰色，常受叶柄所限呈条斑，严重时，叶片枯死，5～6月发生。防治方法：①在发病前或发病初期用1∶1.5∶300波尔多液喷雾；②发病后用3%井岗霉素50 ppm液喷治。

2. 锈病：发病后，叶面上长出黄色圆形病斑，叶背生有黄色的杯状小粒，5月发生，6～7月份严重。防治方法：①发现病株及时拔除，烧毁，穴内撒生石灰消毒；②喷洒1或2波美度的石硫合剂或25%粉锈宁1 000倍液防治。

3. 烂根病：发病时，根状茎腐烂，导致植株死亡。防治方法：采用农业综合措施，做好排水工作，降低土壤湿度，控制蔓延。

虫害 主要有蛴螬、地老虎和白蚁。

1. 蛴螬：又名白地蚕，是金龟子的幼虫，在4月中旬为害玉竹的根状茎，夏季最盛，被害的根状茎成星点状或凹凸不平的空洞状，成虫在5月中旬出现，傍晚活动，卵产于较湿润的土中，喜在未腐熟的厩肥上产卵，防治方法：①冬季清除杂草，深翻土地，消灭越冬成虫；②施用腐熟的厩肥、堆肥，并覆盖肥，减少成虫产卵；③点灯诱杀成虫；④用米或麦麸炒后制成毒饵，于傍晚时撒在畦面上诱杀；⑤下种前半月，每亩施50～60公斤石灰，撒于土面后翻入，以杀死幼虫；⑥用土农药石蒜鳞茎进行防治，结合施肥，将石蒜鳞茎洗净捣碎，每担粪放3.5～4.0公斤石蒜浸出液进行浇治；⑦严重发生时，用90%固体敌百虫1 000～1 500倍浇注根部周围土壤。

2. 地老虎：成虫白天躲在阴暗的地方，晚上出来活动，卵期7～13天，一年中常发生数代，4龄以后的地老虎食量很大，咬断嫩茎，造成倒伏。防治方法：①人工捕杀，经常检查发现倒伏苗，扒土捕杀幼虫；②加强管理，发现植株被害，可在畦周围约3～5厘米撒入毒饵诱杀，毒饵的配制方法如下：麦麸炒香，用90%固体敌百虫30倍液，将饵拌湿，或将50公斤鲜草切成3~4厘米长，直接用50%辛硫磷乳油0.5公斤拌湿，傍晚置于畦周围诱杀。

3. 白蚁：侵害玉竹后作巢，防治方法：发现白蚁后，用50%敌敌畏乳油、40%滑石粉配成药粉毒杀。

采收与加工

采收 栽后第3~4年霜降前后，地上部分枯萎后，选择晴天土壤比较干燥时收获。用刀割去茎叶，然后用齿耙顺行挖取，并注意防止把根状茎折断撞伤，挖取后，抖去泥土．运回加工。

加工

1. 生晒法：将运回的鲜根状茎，按大小长短分级，放在芦苇席上或竹箕上，置阳光下曝晒3~4天，至外表变软，有粘液渗出时，用竹篓轻轻撞去须根和泥沙，继续晾晒，由白变黄时，用手搓擦或整包用脚反复踩揉，如此反复数次，至柔软光滑，无硬心色白时，晒至于透。

2. 蒸煮法：将鲜玉竹用蒸笼蒸透（以不见白心为度），边晒边揉反复多次，揉至软而透明为止，然后再晒干即成。加工时要防止搓揉过度，否则色泽变深，甚至变黑，影响商品质量。

（撰稿：钟小清）

十五、白木香（沉香）

白木香的含棕黑色树脂的干燥心材经加工而成为国产沉香，又名土沉香。为我国沿用相当久远的珍贵中药，有行气止痛、温中止呕、纳气平喘的功效。过去我国药用的沉香多从越南、印度、泰国、缅甸、印度尼西亚等国进口，价格昂贵。现从国产白木香中收取沉香供药用，销往全国各地。

植物形态与适生环境

白木香为瑞香科常绿大乔木，主根发达，植株高达20米以上，胸径30～40厘米。树皮灰褐色至灰黑色，木材淡黄色，材质轻软，略有辛辣气味，生长快，再生能力强，砍伤后易愈合，被风折断后易萌发新枝；单叶互生，卵形或倒卵形至长圆形，全缘；花黄绿色，钟形，被柔毛，数朵顶生或腋生，排成伞形花序；朔果木质，扁倒卵形，密被灰色绒毛，内有种子1～2粒，种子卵圆形，黑褐色，基部有一角状附属体，长度为种子长度的2倍。花期4～5月，果期7～8月。

白木香喜高温。适宜生长的气候条件，年平均温度20℃以上，最高气温37℃，最低气温3℃，在冬季短暂的低温霜冻也能生长。喜湿润，耐干旱，年平均降雨量1 500～2 000毫米。幼株喜阴，荫蔽度以40%～60%为宜，成株喜阳，只有充足的光照，才能正常开花结果和结出高质量的沉香。对土壤要求不严，具抗瘠的特性，野生分布在瘠薄黏土，生长缓慢，但木材坚实，香味浓厚，容易结香；土层深厚、肥沃湿润的土壤，不利于结香。

白木香主产海南、台湾、广东，以台湾、海南产的天然沉香质量久负盛名。广西、福建、云南、贵州等省区亦产。

栽培技术

育苗

1. 育苗地：宜选略有荫蔽条件，空气相对湿度较高的坐西向东的缓坡地或平地，经深翻整地后作畦，畦宽1米，高20厘米。

2. 育苗方法：用种子繁殖。

选种：一定要选向阳坡地上生长10～15年生以上，生长健壮的植株作母树。

采种及种子处理：一般在6～8月，当果实呈青黄色，种子呈棕褐色时，连果枝一并采收。置通风干燥处阴干，不能日晒，经2～3天，果壳裂开，种子即可脱出。最好及时播种，如不能及时播种，宜与2倍种子重量的湿沙混合贮存，但发芽率随贮存时间的增加而下降：贮存半个月后，发芽率为50%以下；贮存3个月后，种子完全丧失发芽率。

播种期：由于种子存放易使发芽率明显下降，应即采即播，发芽率可高达80%以上。

播种方法：条播或撒播。按行距15～20厘米开沟放种，或将种子均匀撒在苗床上，每亩播种5～7.5公斤，可育苗1.5万株。播后盖土以不见种子为度，在畦面覆盖一层薄松叶。

3. 育苗地管理

（1）遮荫：播后搭设遮荫棚，保持荫蔽度为50%～60%。根据天气和随着苗木生根成活和长大，逐步拆除荫蔽物，增加透光度。

（2）淋水：种子发芽迅速，出土幼苗又不耐干旱，要注意经常淋水，保持土壤湿润。

（3）揭草、间苗：出苗后应及时揭草。当幼苗高6～10厘米时，可拔去小苗和弱苗。

（4）除草、修枝：苗期生长慢，杂草往往盖住小苗，要注意除草，适当修剪分叉状的苗木，只留一根主干。

（5）施肥：当苗高10厘米，经间苗后。可施稀薄人粪尿水，促进幼苗生长。

培育1.5年，苗高70～100厘米，即可出圃定植。如将小苗移至营养容器（尼龙袋或营养砖）培育，苗高30厘米便可定植。

种植

1. 种植地：宜选择海拔1 000米以下的避风向阳缓坡地、丘陵、平原的红壤和山地黄壤。种植前，先耕翻整地，按株行距挖穴，穴的规格为50×50×40厘米。

2. 种植时间：春季3～4月间气温回升，春梢开始或尚未萌动时，选阴雨天定植，植后容易成活。

3. 种植密度：株行距2×3米。

4. 种植方法：起苗前将苗木下部的侧枝及叶片剪去，留上部数片叶，并将每片叶剪去一半。栽苗时苗要正，根要舒展，分层覆土，压实，浇定根水，成活率可达95%以上。

白木香成龄树下会落下很多种子，生出许多幼苗，每平方米达90～100株，可移入营养袋育苗，而且伐根萌芽力很高，可人工促进天然更新。

5. 种植地管理

（1）松土、除草：幼龄期生长较慢，需加强松土除草，每年2～3次，分别在2～3月、6～8月、10～11月进行，并将除下的杂草盖于根际。

（2）施肥：每年1～2次，2～3月施人粪尿水，9～10月施火烧土或熟腐有机肥、过磷酸钙。成龄植株的施肥量可适当增加。

（3）修枝：为促进主干的形成，以利结香，需把下部侧枝、病虫枝、弱枝和过密枝剪除。

（4）刺激结香：白木香树的茎干，在正常情况下，未受伤前是不会结香的，只有在刀砍、虫蛀、病腐后被一种真菌感染，才能形成香脂。可采用以下方法刺激其结香。

砍伤法：选10年生以上，树干直径30厘米以上的立木，在距地面1.5～2米处顺砍数刀，刀距30～40厘米，伤口深约3～4厘米。经过一段时间，伤口附近的木质部就会分泌树脂，数年后逐渐变成黑褐色，便生成沉香。取沉香时造成的新伤口，仍可继续结香。

半断杆法：在离树干基部1～2米以上的树干上锯一伤口，深度为树干粗1/3至1/2。沿同一方向不同高度，锯几伤口，伤口间距为30～40厘米，伤口宽为1厘米。久之则能自行结香。经数年后便可在伤口处取香，取香后的香门仍有可能继续结香。

凿洞法：在距地面1～3米树干上凿数个深2～3厘米，宽和高均为3～4厘米的方形洞，或直径1～3厘米，深3～6厘米的圆形小洞，然后用泥封闭，小洞附近的木质部逐渐分泌树脂，数年后可生成沉香。

人工接菌结香法：以10年生以上的大树为好，5～6年生也能进行人工接菌结香。大树采用半断干法，伤口可大；小树宜用凿洞法，伤口宜小。在树干的同侧，取逆风方向，自上而下，每隔40～50厘米处，用锯、凿等工具，按垂直于树干的方向开一香门，深度约为树干粗的1/3，口宽约1～2厘米，随即将结香菌种塞满香门，用塑料薄膜包扎封口，防止杂菌污染和昆虫、蚂蚁为害。几年后即可采得沉香。

化学法：用甲酸、硫酸、乙稀利处理伤口，可刺激结香。收香后，继续用药物处理，仍可继续结香。

枯树取香法：在自然界，白木香常被虫蚁、病腐和风倒、风断，造成枯烂腐朽或枯死，这些部位常常结香，在枯死的树干或根内，都有沉香可采。

病虫害防治

白木香病害很少发生。

虫害　主要有天牛、卷叶虫和金龟子。

1. 天牛：此虫常在幼干、枝条上咬开一条纵沟，使树干或枝条开裂，影响生长，还易折断。防治方法：①可刮除天牛产的卵块；②用注射器注射90%敌百虫800倍液于虫孔。

2. 卷叶虫：每年夏秋间为害。幼虫吐丝将叶片卷起，并躲藏在内蛀食叶肉，致使光合作用减弱，影响正常生长。防治方法：可在虫害卷叶前或卵初孵期用25%杀虫脒稀释500倍液喷射，每5～7天1次，连喷2～3次。

3. 金龟子：此虫常在抽梢和开花期间为害细芽和花朵。防治方法：可用90%敌百虫乳油稀释1 000倍喷射或人工捕捉。

采收与加工

采收　白木香经过刺激结香，少则 3 ~ 5 年，多则 10 ~ 20 年才能成为较好的沉香。一般来说，时间越长，沉香的数量和质量越高。在正常年分，出现枝叶生长不茂盛，外形凋黄，局部枯死等不正常现象，大多数都可判断为已结香。采香一年四季均可进行，但人工接菌结香的以春季为宜，以便采收后菌种继续生长。具体采收方法是：选取凝结黑褐色或棕褐色，带有芳香性树脂的树干砍倒锯断；树干结香后一直延伸到根部，应一并挖起。

加工　把采回的树干、树根初步用利刀砍去和剔除白色部分和腐朽部分后阴干。然后进一步用具有半圆形刀口的小凿和刻刀雕挖，剔除不含香脂的白色轻浮木质和腐朽木，留下黑色坚重木质，加工成块状、片状或小块状，最后阴于即成商品。其碎末则为沉香末和沉香粉。

（撰稿：刘军民）

十六、印度马钱（马钱子）

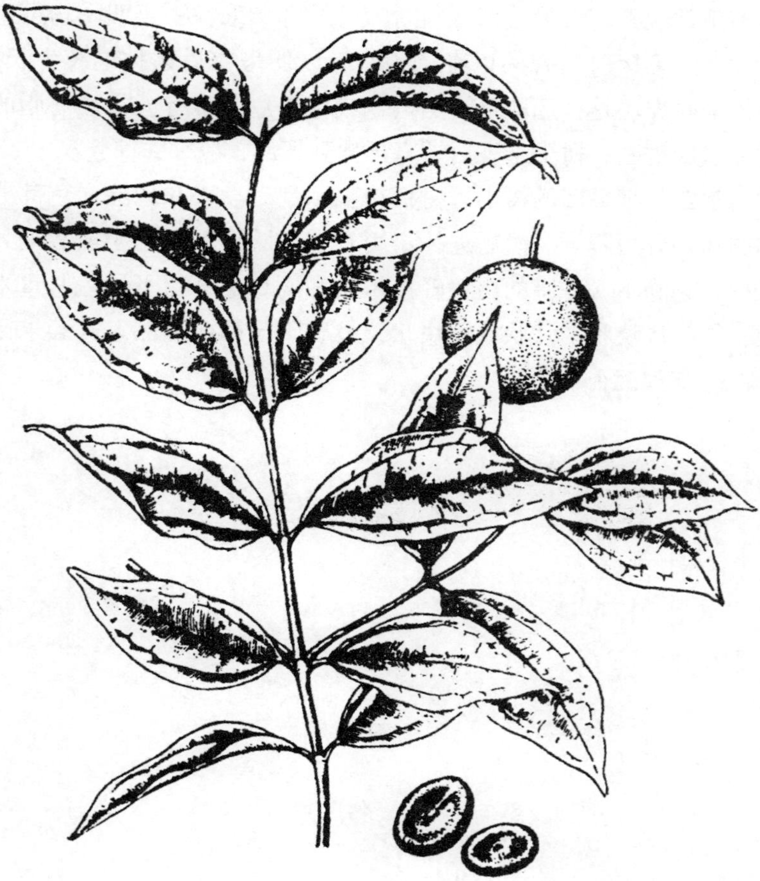

印度马钱，别名番木鳖，成熟种子作马钱子入药，有剧毒，加工炮制后入药。有通络散结、消肿止痛之功效。西医作苦味健胃剂用，并为提取中枢兴奋剂——盐酸士的宁的原料。

植物形态与适生环境

印度马钱为马钱科常绿乔木，植株高 10～13 米。树皮灰色，有皮孔，幼枝青绿色，两侧腋芽发育成相对称的枝条，顶芽则发育成变态的粗刺，光滑；单叶对生，叶片全缘，阔卵形，两面光滑无毛；聚伞花序顶生；浆果球形，表面光滑，幼时绿色，熟时橙色或棕红色；种子 3～5 粒，钮扣状，圆盘形，表面灰黄色，密被银色茸毛，一面中央凹入。花期 3～5 月，果熟期 5～9 月。

印度马钱喜高温，怕霜冻。适宜生长的月平均温度为 20～28 ℃，短期出现极端最低温度 2～3 ℃时，嫩枝受冻干枯。种子发芽温度要求较高，温度在 23～25 ℃时，播种后 15～20 天，开始萌芽，若低于 23 ℃，则要推迟到 25～30 天才萌芽。耐旱、忌积水，在年降雨量为 1 700 毫米左右，生长正常。强阳性树种，幼苗期需 60% 荫蔽度，成龄树生长在过于荫蔽的条件下，开花迟，结果少。对土壤要求不严，在排水良好，质地疏松的砂质壤土以及瘦瘠的土壤均可生长。

原产于印度、越南、缅甸、斯里兰卡等国。我国海南、广东、广西、云南等省有引种栽培。

栽培技术

育苗

1. 育苗地：选择肥沃疏松、排水方便，并有适当荫蔽的地方。翻犁风化后，作畦宽 1 米，高 20 厘米，畦间工作沟 30 厘米，待播。

2. 育苗方法：用种子和芽接繁殖。

（1）种子繁殖

采种与种子处理：冬末春初，采摘橙红色的熟果，堆放 2～3 天，待果肉变软时，加入少许细砂，除去果肉，洗净种子阴干，用布袋贮放于通风干燥处，最好用清洁的润沙贮藏至温度回升时播种，能保持较高的发芽率。播种前将种子浸水 2 天，取出放进湿布袋内，保持湿润，置阴凉处，约 4～5 天胚根露出白色芽点时，可取出播种，或将种子放于清洁的河沙床催芽，至出苗时取出播于土中，成活率较高。若种子量少也可用瓦盆催芽，盆底铺10厘米细沙，上放一层种子，再盖2厘米厚的湿沙，然后再用一瓦盆覆盖，待其发芽后取出播于土中。

播种时间：一般在温度回升后的3～4月进行。

播种方法：在整好的畦上，按株行距10～15×40厘米开穴点播，每穴放种子1粒，胚根向下，覆1.5～2厘米疏松的火烧土或细河沙盖种，约10天即出苗展叶。

为了培育壮苗，提高造林成活率，可用经打洞的塑料袋、小竹箩、圆形瓦筒等营养器盛装营养土育苗。当种子伸出子叶时，选择阴雨天或晴天下午将苗移栽至营养袋，每袋1株，或每营养器放种子1～2粒，置阴湿处。夏季播种后10～20天出苗；冬季播种后40天左右出苗。经苗圃培育1年后，苗高60厘米以上时可出圃定植。

（2）芽接繁殖

砧木和芽条的选择：选择根系发达，抗逆性强的1年生实生苗作砧木。选择高产母株结果枝上芽饱满未萌发的枝条作芽条。

芽接时间：一般在高温多雨季节，树皮易剥离时进行芽接。

芽接方法：在实生苗离地10厘米处，选光滑的一面用芽接刀切成“鸭舌形”的接口，削取略小于接口的芽片，剥去木质部，然后剥开砧木接口的皮部，将芽片迅速贴上，用宽约1.5厘米的塑料薄膜带由下向上一环压一环的绑紧。芽接后20～30天待其成活后，解去绑扎物，解绑后约7天，在离芽接位上方5厘米处切断，切口偏斜，低处向芽接位背面，免雨水流向芽接位，并用腊封切口。芽接后应经常抹去砧木上萌发的芽。幼嫩的芽片抽新芽时，为了防止虫害，用穿小孔通气的塑料薄膜袋套上，对防虫有良好的效果。

若用成年马钱植株作砧木进行芽接时，要在距离地面1米处锯平，待新枝萌发生长充实后才能进行芽接。

3. 育苗地管理

（1）淋水：幼苗出土时呈淡红色的幼芽，种皮常要停留8～

10天才脱下，然后才出现子叶，如果播种过浅，幼茎常常把种皮带出土面，遇烈日照晒，种皮干缩，子叶不易脱落而枯死。故播种后遇旱要及时淋水，土面必须保持湿润，不板结，以利种子破土出苗，否则出苗不整齐，或闷死在土中。

（2）除草、松土；小苗出土后，生长缓慢，仍需加强除草、松土；对芽接苗要加强除草、松土管理，促进芽接苗健壮生长。

（3）施肥：当幼苗长出3对真叶时开始追施人畜粪尿水数次，每隔2个月1次，先稀后浓。结合施肥进行培土。

（4）防冻害：冬季要注意防霜冻。

种植

1. 种植地：宜选择河边冲积土，丘陵地的黄红壤土，石灰质壤土或微酸性粘壤土，定植前1~2个月挖穴，穴的规格为50×50×40厘米。经风化后，每穴施土杂肥10~15公斤，过磷酸钙0.25公斤与表土混匀填穴。

2. 种植时间：宜在雨季阴天进行。

3. 种植密度：株行距4×4米。

4. 种植方法：马钱苗直、根长、须根少，起苗时尽量带土团移植。移栽时剪除下部侧枝及叶片，上部叶片亦剪去一半，过长的主根适当修短，并蘸泥浆。定植时根系要舒展，覆土压实，穴面比地面稍低1~2厘米，浇定根水。

营养袋苗种植时撕裂营养袋，放穴中央，分层回土压实。

5. 种植地管理

（1）淋水、补苗：定植后天旱要淋水，以助苗木迅速恢复生势，发现缺苗要及时补齐。

（2）间作：马钱生育期长达几十年，前期冠幅小，林下行间通风透光良好，适当间种木薯、高良姜等旱粮或药材，给植株创造一定温湿度，适合前期生长的环境。

（3）施肥：在3~4月老叶骤然在数天内全部脱落，幼叶、新梢和花芽抽出前，给每株幼树施20%浓度的稀尿水5~10公斤，大树施10~15公斤，沿树冠外缘开沟施下。在8~9月结果期，每株施适量克硫酸铵、过磷酸钙或火烧土。

（4）修剪：结合整形进行修剪，剪除过密的侧枝、弱枝和主干下部的侧枝。

病虫害防治

病害

叶斑病：该病为害叶片，初期叶上产生紫红色的小斑点，沿叶脉扩展成不规则的黑褐色斑，最后，整个叶片发黄，提前脱落。防治方法：用1∶1∶100倍波尔多液喷洒；或用70%甲基托布津1 000倍液．每10天1次，连续2～3次。

虫害 主要有夜蛾、天蛾、象鼻虫、大头蟋蟀。

1．夜蛾、天蛾：以幼虫为害嫩叶，花期更为严重。防治方法：幼龄期用90%敌百虫稀释800～1 000倍液喷洒，每7～10天喷1次，连续2～3次。

2．象鼻虫：成虫吃食嫩叶，造成叶片缺刻。防治方法：①利用成虫假死性，人工捕捉；②用50%杀螟松乳剂1 000～1 500倍液喷杀。

3．大头蟋蟀：幼苗期咬断茎基部。防治方法：用米糠、糖、敌百虫调成饵料诱杀。

采收加工

采收 印度马钱栽培定植8年后开花结果，10年后为结果盛期。冬末春初，当果实外表皮变橙红色时采收。

加工 将果摘下后，堆放几天，待果肉变软发烂后洗去果肉，捞出种子晒干即可。印度马钱有剧毒，要小心保管。

（撰稿：刘军民）

十七、异叶马兜铃（广防己）

异叶马兜铃，别名防己马兜铃、木防己、青风藤等。商品名为广防己。以根入药。具有利祛风止痛、清热利水的功效。

植物形态与适生环境

广防己为马兜铃科植物异叶马兜铃。多年生木质藤本，长3～4米；根粗壮，圆柱形，栓皮发达，长15厘米以上；茎下部不分枝，树皮厚，纵裂松软，嫩枝密被褐色长柔毛；叶互生，革质长圆形或卵状长圆形，主脉3条，基出，下面网脉凸起；总状花序，紫色，喇叭形，花被合生，紫红色，有黄斑及网纹，外被褐色绒毛，花被管基部膨大，上部短小呈檐部圆盘状，边缘3浅裂；蒴果圆柱形或长圆状披针形；种子褐色，多数。花期3～5月，果熟期8～10月。

广防己喜温暖气候，生长适宜温度为15～25 ℃。耐旱喜阴，过于干燥的地方，生长较弱。喜生长于微酸性肥沃的砂质壤土中，多生于荒山草坡、灌丛、路旁、疏林地或荒芜地。

广防己分布于广东肇庆、茂名、阳江、清远、韶关、江门、广州、惠州、河源及广西、云南、海南省等地。

栽培技术

育亩

1. 育亩地：选择背风、疏松肥沃、有荫蔽条件的疏林地或荒坡地育苗。深翻晒土，下足基肥，每亩施人畜粪1 500～2 000公斤，拌匀整平后作高畦，畦宽1.3米，畦高25～30厘米，四周开沟，方便排水。苗床用40%甲醛1 000～1 200倍液消毒，杀灭杂菌、虫卵。

2. 育亩方法：用种子和扦插繁殖。

（1）种子繁殖

采种与种子处理：当果实由绿变黄时，将果实连柄摘下晒干，取出种子即播，或埋于湿砂中，放阴凉处保存。

播种季节：晚秋或翌年春季，取出播种。

播种方法：采用条播，在整好的畦上，按行距20厘米开浅沟，将种子撒在沟里，覆土，以不见种子为度，加草覆盖。

（2）扦插繁殖

扦插材料准备：选择2～3年生，生长旺盛、无病虫害、茎节粗壮的藤蔓作插条。用利刀截成10～15厘米的插条，要求每根插条具有3～4个节。

扦插时间：3月底4月初。

扦插方法：按10×15厘米株行距进行扦插，要求斜插，插条埋入土中1/3，上部露出2～3个节。扦插后浇水，盖草保湿。

3．育苗地管理

（1）遮荫：植株喜阴，插后应搭荫棚或间种油菜、木薯等作物遮荫。促进苗木生长。

（2）排灌：加强苗期管理，及时浇水保持床面湿润。雨季注意排水。

（3）除草施肥：勤除杂草，见草就拔。出苗15天后薄施人粪尿，促苗生长。

（4）间苗：及时间苗，疏去过密苗、病弱苗。

种植

1．种植地：选择排灌方便、土壤疏松肥沃、土质微酸的山坡地或荒芜地作种植地。全垦或带垦整地作畦。

2．种植时间：春末夏初雨季，当苗木长至15～25厘米时进行。

3．种植密度：株行距1×1米或0.8×1.2米。

4．种植方法：在整好的地上按株距开穴，穴的规格40×40×30厘米，将苗木放入穴中，每穴栽种1株。盖上细土，压实，浇定根水。

5．种植地管理：

（1）中耕除草：早春时勤除杂草。雨季土壤易板结，宜勤松土，利于植株生长。

（2）排灌：经常保持田间湿润，利于植株成活，成活后少浇水，特别是雨季，要做好排水工作，防止浸渍烂根。

（3）追肥：在开花前，每亩施用2 500公斤稀人粪尿、过磷酸钙液，次年春季，行间开沟，每亩追施1 500公斤土杂肥或

20～30公斤过磷酸钙与10～15公斤硫酸铵。

（4）搭设支架：当苗高30厘米时，应设支架，以利茎蔓攀援生长。

病虫害防治

病害 叶斑病和根腐病。

1. 叶斑病：该病为害叶片，多发于高温高湿夏季。病处呈圆形病斑，初为暗绿色，后变深褐色，有轮纹，易腐烂穿孔。防治方法：①发病初期，用50%多菌灵500倍液喷雾，或用70%托布津1 000倍液外加0.3%洗衣粉喷雾，每7天喷1次，连喷2～3次。②用1∶1∶120波尔多液喷雾，每7天喷1次，连喷2～3次。

2. 根腐病：该病多发于夏季，为害根部，排水不良地较严重。被害植株根部腐烂，地上部分枯死。防治方法：①清除病株，并撒上石灰：②用50%多菌灵可湿性粉剂1 000倍液浇灌根部。⑧用0.5%硫酸铜800～1 000倍液喷雾。

虫害 主要有马兜铃风蝶、蚜虫和金龟子。

1. 马兜铃风蝶：以幼虫咬食叶片，造成缺刻。防治方法；①冬季清洁田园，将残株集中烧毁；②幼龄期用90%固体敌百虫500倍液喷洒防治。

2. 蚜虫：成虫或若虫成群集于叶片，吸取汁液，致使叶片发黄或枯萎。防治方法：用40%乐果乳油1 000～1 200倍液喷雾。

3. 金龟子：成虫为害叶片，咬食残缺，严重时吃光。若虫地下钻洞，破坏根部组织。防治方法：用90%固体敌百虫1 000倍液喷杀或人工捕杀。

采收与加工

采收 种植4～5年后可采挖，多于秋冬季进行。用锄头挖取根部，抖净泥土，去掉地上枝蔓与细根。

加工 刮去栓皮层，截成10～15厘米左右的小段，粗大者可劈开两半，晒干或烘干即成商品。

（撰写：徐新春）

十八、安息香

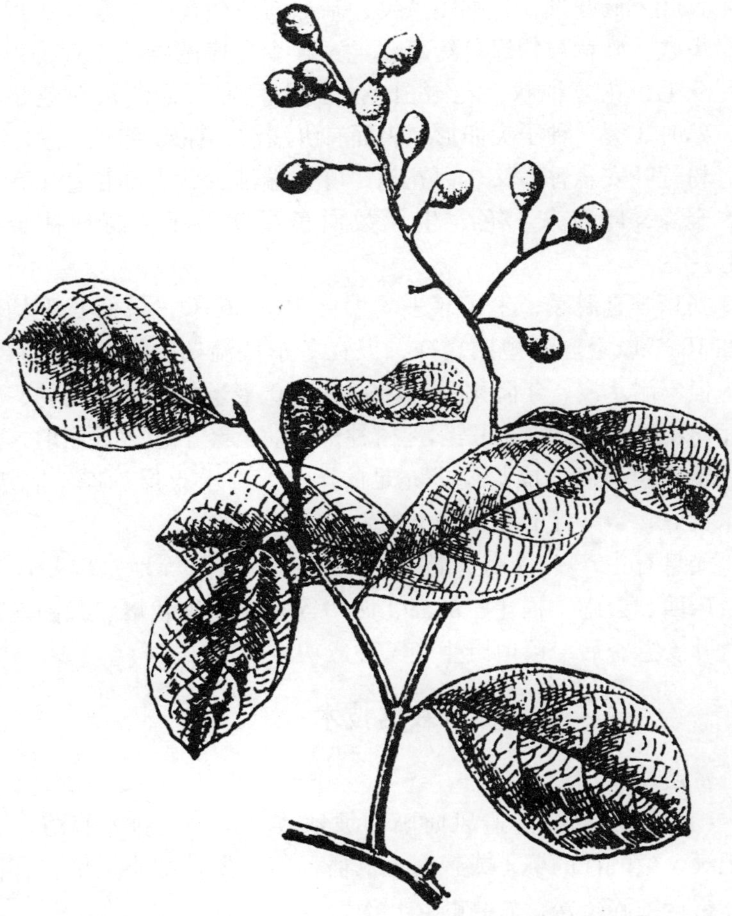

安息香，入药部分为其分泌的树脂。有开窍清神，行气，活血，止痛的功效。是少常用中药，西医用它制成复方安息香酊作喷雾剂，以治疗由于高温和粉尘刺激引起的慢性喉炎，并为调合香精的定香剂。过去我国所用安息香一直靠进口，现已发掘本国资源，基本上能满足本国药用需要。

植物形态与适生环境

越南安息香为安息香科半落叶乔木植物。植株高 12 ~ 20 米，幼枝被棕黄色星状毛，后渐脱落，老枝树皮光滑，灰黄色；单叶互生，叶片椭圆形，先端短急尖，基部圆或微楔形，全缘或近上部微齿状，叶背被粉绿色短星状毛；聚伞花序圆锥状排列，被黄色星状毛，花萼钟状，花冠白色；蒴果呈卵形，被灰白色星状毛，熟时 3 裂；种子尖卵形，表面有纵浅沟，棕褐色。

粉背叶安息香，又名白花树，叶先端渐尖，尖部长达 1.5 厘米，全缘，叶背灰白色，生无数白色星状绒毛，而且粘合在一起。

安息香喜温暖，生于年平均温度 18 ~ 26 ℃，最低月平均气温在 10 ℃以上。耐短期霜冻，但在冬季低温期生长缓慢。喜湿润，但不耐水浸，年降雨量 1 200 ~ 1 700 毫米，且分布均匀，要求相对湿度 80% 左右。是阳性树种，但幼苗经不起烈日照射，需要一定的荫蔽度，成龄要求充足的阳光。要求土层深厚，肥沃，排水良好，微酸性的砂质壤土中生长。

安息香主产于越南、老挝、柬埔寨、泰国等地，现我国广东、广西、云南、福建、浙江、四川等省有引种栽培。我国发现粉背叶安息香后，已由野生变家种成功。

栽培技术

育苗

1. 育苗地：宜选避风向阳的坡地或低山谷，排水良好、土质肥沃、微酸性的壤土或轻壤土。播种前，先行翻耕土壤，育苗时，再行细碎疏松，做高畦、开沟。

2. 育苗方法：以种子繁殖为主。枝条虽可扦插生根，但成活率低，生产上极少采用。

(1) 种子繁殖

选种：选择向阳，树龄 5 ~ 10 年，树皮光滑、无病虫害、出脂优异的母树采种。

采种及种子处理：一般9～10月为种子成熟期。当果实由绿色变为褐色时即可采种。若过迟采摘则果实裂开，种子落地。选饱满而有油质的种子。种子含油脂多，忌日晒，也不宜贮藏过久，如不能及时播种，可将1份种子与3份湿沙混合均匀，堆放室内，堆放高度约30～40厘米，贮藏期要定期检查，注意调节空气水分。到翌年春即行播种，播种前用0.1%高锰酸钾溶液浸种2小时，取出洗净晾干。也可用湿沙露天催芽或用50℃温水浸种12～24小时，用稻草包裹种子催芽，待种子萌发后播种。本品易丧失发芽率，因其发芽率只能维持6个月左右。

播种期：由于种子不宜久藏，最好是随采随播，以10～11月为宜。除冬季外，其他季节均可播种。

播种方法：条播或开沟点播。条播按行距20～25厘米开沟，将种子均匀撒在播种沟里；开沟点播的株距为10厘米，深度为1～1.5厘米。用细砂或肥土覆盖，再盖草、浇水。每亩播种子约6公斤。播后15天出苗。

3. 育苗地管理

(1) 遮荫：播种后，要盖草遮荫。幼苗出土后立即将盖草拨向行间，强光季节，出苗时要搭设荫棚或插上芒萁遮荫，因幼苗时带壳出土，久晒种壳干缩，子叶枯死。

(2) 间苗：当幼苗高达5～6厘米时，选阴雨天进行间苗，保持株距4～5厘米。

(3) 施肥：间苗后即进行第1次追肥，以后结合中耕除草进行追肥。肥料以人粪尿、尿素等氮肥为主，适当施以磷钾肥，以促进幼苗生长。

种植

1. 种植地：宜选择避风向阳的坡地或山谷、山间溪水两旁为好。在有强台风，或多台风的地方，要注意防风。在种植前半年耕翻整地。整地方式有全垦、带垦和穴垦。穴的规格为50×50×40厘米。

2. 种植时间：一般在播种第2年立春至惊蛰定植。因这季节新芽尚未萌发，定植成活率高。

3. 种植密度：株行距一般大山宜稀，丘陵宜密，肥土宜稀，瘦土宜密，稀的3×3米，密的2×2米。

4. 种植方法：起苗时注意不伤根，将苗主干下部的侧枝剪除，上部留3~4个侧枝，叶片剪去2/3，用黄泥浆根。栽时把苗置入穴中央，要求根系舒展，压紧土壤，一般先填表土，后压底土，栽后浇水。

5. 种植地管理

（1）套种：幼林期间可在行间套种其他药用作物，或杂粮、绿肥等，成林树行间可套种喜阴的草本药用植物。

（2）除草松土：定植后至郁闭前，每年夏季和秋冬进行除草、松土1次，将杂草或绿肥覆盖根际。如有缺苗，应在第1次除草松土时补齐。

（3）浇水施肥：定植后干旱需要浇水，以保成活。每年施肥3次：第1次于春季，每株施稀尿水7.5~10公斤；第2次夏末秋初，除施入粪尿外，并施过磷酸钙或熏土、腐熟的有机肥，开沟施下；第3次于秋末冬初，开沟施绿肥，并覆盖根际。

（4）修剪：定植后2~3年的幼树，每年修剪过密的及下部侧枝，使主干粗壮挺直，利于防风和割脂。

病虫害防治

病害 主要有苗期根腐病、猝倒病和枯梢病。

1. 根腐病：苗期为害，排水不良的土地引起烂根，叶片变黄，严重时死亡。防治方法：①做好排灌工作，预防病害发生；②用1∶1∶100倍波尔多液喷射。

2. 猝倒病：染病后在贴近土表处的幼茎基部出现褐色病斑，缩细，倒伏。防治方法：①用0.1%高锰酸钾浸种进行消毒；②病害大量发生时，及时拔除病株，在株间周围撒石灰或草木灰；③用1∶1∶300~400倍波尔多液喷射。

3. 枯梢病：受感染的枝条皮层发黑，在叶肉及叶脉间有黄白色不规则的病斑，使叶片下垂、枝枯。防治方法：可在发病前或初期用1∶1∶100波尔多液喷射，防止蔓延。

虫害 主费有钻心虫、木蠹虫和蚜虫。

1. 钻心虫：此虫常在树干里凿洞。2年生的幼树受害后出现枯梢，往往在树干下部流出液状树脂，以致枯死。防治方法：将少许棉花浸敌百虫或乐果药液塞入虫道，然后用泥土封口毒杀。

2. 木蠹虫：蛀食树皮并钻入树干成孔洞，排出粪便呈褐色粒状。防治方法：可用90%的敌百虫稀释1 000倍灌虫孔，再封泥填洞，毒杀幼虫。

3. 蚜虫：以成虫和若虫吸食茎叶汁液，防治方法：用40%乐果乳油稀释1 000倍液喷杀。

采收与加工

1. 开采期 当树龄7～9年，胸径10厘米以上便可开割。宜在温暖、雨量少、天气晴朗的季节采脂。春季生长盛期割脂产量较高，果实成熟期由于养分消耗大，产脂量低，且质量差，应停止割脂。待果实成熟后，老叶脱落，以新叶长成后再开割取脂。

2. 割脂方法 在距地面12～15厘米高的树干处，按树干周径三等分处，割3个小倒三角形的割口。纵横成行，共9个割口。割面宜小不宜大，加大割面出脂并不高，一般倒三角形的割面总宽度占树干周径1/3为宜。割深至木质部，割口皮层取出后因受刺激而产生树脂，约10～15天后树脂从割口边缘渗出，当树脂由淡黄色变成白块时，即又在第一次割口上下20厘米处，再各开两个割口，此次割口出脂较快。一般从开割起可重割3～4次，至不出脂为止。为了增产有用10%乙烯利油剂，在刮面上涂刷，出脂快，可明显增加产量。

3. 收脂 分泌出的树脂常集中在1～3个割口上，层层加厚，脂块大。集中收脂比分次收脂省工，一般3个月内，外观质量均不受多大影响，但要防止被野蜂偷吃。收集时轻轻敲刮干燥的树脂，用牛皮纸包好，放于木箱内，置阴凉干燥处，不能日晒，受热则变成液态。

（撰稿：贺红）

十九、阳春砂（砂仁）

阳春砂，别名缩砂蜜、缩砂仁，商品名砂仁。以干燥成熟果实入药，具有化湿开胃、温脾止泻、理气安胎的功效，是我国四大南药之一，有 1 300 多年的用药历史。目前我国有少量靠进口，植物名为绿壳砂，商品称缩砂，又习称“西砂仁”，主要来自越南。

植物形态与适生环境

阳春砂为姜科多年生常绿草本，高达1.5～2.5米。根状茎圆柱形，横走，有节，茎直立；叶二列，披针形，叶鞘抱茎；穗状花序，自根状茎节上抽出，花白色；唇瓣匙形，中部有黄、红紫色斑点；蒴果近球形，不开裂，具柔刺状突起，熟时棕红色，种子多数，极芳香。

阳春砂喜温暖凉爽环境，年平均温度为22～28℃，是阳春砂最适宜的生长温度，能忍受0℃的短暂低温，但较长时间的0℃或有严重霜冻，直立茎受冻死亡。喜湿润，怕干旱，年平均降雨量为2 500毫米，孕蕾期至开花结实期，要求空气相对湿度90%以上。阳春砂是半阴生植物，忌阳光直射，1～2年生苗要求荫蔽度为70%～80%，3年后植株进入开花结果期，荫蔽度以50%～60%为宜。以富含腐殖质的森林土壤为宜。除在花芽分化初期土壤含水量达15%～20%外，一般需22%～25%左右，才有利于授粉结实。

阳春砂历史上多为野生，现主要为人工栽培，其中以广东阳春、信宜、高州栽培历史较长，产量大，质量好，尤以阳春县蟠龙镇金花坑产的品质为最佳；此外，在云南省有大量引种栽培。广西、贵州、四川、福建省亦有栽培。

栽培技术

育苗

1．育苗地：宜选择背北向南，通风透光，土壤湿润，排灌方便、荫蔽条件良好的山坑两旁新垦地，土壤疏松肥沃的砂质壤土为好。播种前翻耕，细致整地，每亩施过磷酸钙20～25公斤，厩肥或土杂肥1 250～1 500公斤作底肥。整平耙细作床，宽1米，高15～20厘米。

2．育苗方法：用种子和分株繁植。

（1）种子繁植

选种：选择优良品种，果粒大，种子饱满，无病虫害的植株作采种母株。

采种及种子处理：一般在7月底8月初，当果实由鲜红转为紫红色，种子由白色变为褐色和黑色而坚硬，有浓烈辛辣味，采收成熟的果实。将选取的鲜果置于较柔和的阳光下，连晒2天，每天晒2～3小时，然后剥取果皮，用细沙擦薄种皮至有明显的砂仁香气为止，并浸在清水中漂去杂质，取出种子，稍晾干后播种。

播种期：随采随播。最好在8月底或9月初播种。若要春播，可将处理好的种子藏于湿沙中或阴干贮藏，至明年惊蛰至清明节播种。

播种方法：播种时按行距13厘米开沟条播或在沟内按株距5厘米点播，播后均匀地撒上一层细碎火烧土或覆盖一薄层腐熟的干粪，并以树叶遮荫，播后20天左右便可出苗。

（2）分株繁殖

分株苗选择：选择当年生植株，具1～2条带有鲜红色嫩芽的地下根茎，茎杆粗壮，具5～10片叶的作为繁殖用。过嫩、过老和瘦弱的分株苗，均不宜作繁殖用。分出的新植株可视天气和苗高情况适当剪去部分叶。最好当天挖苗，当天种植，以提高成活率。

栽种季节：春秋两季均可种植，但以春季3～5月为好；秋季8～9月亦可定植。

栽种方法：分株苗一般不经育苗，可直接种植，定植前挖穴，穴的规格为40×40×30厘米。每穴栽1丛，栽后覆土压实。

3. 育苗地管理

（1）遮荫：幼苗怕阳光直射，荫蔽度以80%～90%为宜。待幼苗长出7～8片叶时，荫蔽度应控制在70%左右。

（2）间苗：当苗长3～5厘米时间苗，去弱留强，使株间相隔3厘米。

（3）施肥：分别在幼苗长有2片、5片和8～10片叶时各施稀薄水肥1次，施肥以腐熟的人粪尿为主，开始宜稀，以后逐渐增大。

（4）淋水：幼苗根浅，遇旱易死，需要根据天气情况淋水，以保持土壤湿润。

（5）防寒：在冬季和早春可增施腐熟的牛粪、火烧土和草木灰等，以保温并增强抗寒力。寒潮来时，也可用尼龙薄膜覆盖以防寒，当风处应搭设挡风棚。

种植

1. 种植地：应选择一面开旷，三面环山的缓坡地，坡向朝南或东南。邻近有昆虫授粉，空气湿度较大，土壤疏松肥沃，排灌方便，最好长有阔叶杂木林作荫蔽的山坑、山窝两旁。

2. 种植时间：早春3月进行。

3. 种植密度：株行距0.6×1米，每亩栽800~1 000丛。

4. 种植方法：种植时将顶芽向下或向水平方向，老根茎则覆土6~9厘米，并压实，嫩根茎则用松土覆盖，而且不可埋得过深，亦不能压实，否则根茎不易抽花结果。

5. 种植地管理

（1）除草：定植后1~2年，每年除草2~3次。第3年开始进入开花结果期，一般每年除草1~2次，由于阳春砂的根茎沿地匍匐，故不能用锄头除草，只能用手拔。

（2）施肥培土：新种植株每年施肥2~3次，除施堆肥、牛栏肥、火烧土、过磷酸钙和猪粪水沤制的肥料外，还要适当增施氮肥。开花结实后，以磷钾肥为主，一般施沤制的火烧土、牛粪和过磷酸钙。

秋季摘果后，用含有机质的表土，火烧土均匀地撒在阳春砂地上，其厚度以盖没裸露的根状茎为度，促进植株多分蘖，株粗芽壮，还可增强抵抗力，使植株安全过冬。

（3）防旱排涝：新种植株要经常灌水或淋水，保持土壤湿润。进入开花结果年龄时，在冬春花芽分化期要求水分少些，开花期和幼果形成期要求土壤湿润，空气的相对湿在90%以上。如雨水过多，土壤过湿，则易造成烂果。

（4）调整荫蔽度：种植后1~2年就进入分株繁殖阶段，要求70%~80%的荫蔽度；进入开花结实年龄，荫蔽度可适当减少，以50%～60%为宜。

(5) 人工辅助授粉：由于阳春砂的花器构造较特殊，不能自花授粉，须进行人工辅助授粉。

生产上常用如下两种方法：

推拉法：正向推拉，以大拇指与食指夹住雄蕊与唇瓣，拇指将雄蕊向下轻拉，再将雄蕊向上推，使花粉擦在柱头上；反向推拉，方向与正向不同点是先推后拉，操作时用力要适当，太轻授粉效果差，太重则伤害花朵。

抹粉法：先用左手的拇指和中指夹住花冠下部，右手的食指（或用小竹片）挑起雄蕊，并将花粉抹在柱头上。人工授粉最佳时期是盛花期，最佳时间是早上8～10时。

(6) 保护和引诱传粉昆虫：昆虫是最好的传粉媒介。据产区调查，传粉昆虫多的地段，自然结实率可高达50%～60%。传粉昆虫以彩带蜂效果最好，排蜂、小酸蜂是授粉的野生蜂，小酸蜂比排蜂易于驯养，可选为砂仁理想的授粉蜂。

(7) 预防落果：在末花期和幼果期，喷5 ppm的2，4—D水溶液，或者5 ppm的2，4—D加0.5%磷酸二氢钾，可提高保果率14%～40%，用0.5%尿素，喷施花、果、叶，或0.5%尿素加3%过磷酸钙溶液施花、果，保果率可提高52%～55%。

(8) 补苗与割苗：定植后，发现缺苗及时补种，收果后要进行适当修剪，除割去枯、弱、病残苗外，在苗过密的的地方，还应割除部分“春笋”，每平方米约保留40～50株，即一般山区每亩留苗2.5万株以下，丘陵平原地区3万株以下，而且分布均匀。

(9) 衰退苗群更新：阳春砂连续几年开花结果后，苗群明显衰退，老苗多、壮苗少，产量低，为了恢复苗群长势，收果后将老苗离地面5厘米处刈去，施经沤制过的混合肥，春季出苗后，再追施适量的氮肥，一般经过2～3年的精心管理，苗群复壮，产量提高。

病虫害防治

病害　主要有苗疫病、叶斑病和果疫病。

1. 苗疫病：该病主要为害幼苗，发病初期嫩叶尖或叶缘出现暗绿色不规则的病斑，随后扩大，颜色变深，病部变软，叶片似开水烫过，呈半透明状干枯或水渍状下垂，严重时，迅速蔓延到叶鞘和下层叶片，最后全株叶片软腐或干枯而死。防治的方法：①育苗地用2%福尔马林溶液喷洒畦面消毒；②3～4月间调整荫蔽度，搞好排水，增施火烧土、草木灰、石灰；③发病初期及时剪除病叶集中烧毁，然后喷洒1∶1∶300波尔多液，每10天1次，以控制病害发展。

2. 叶斑病　主要在叶片和叶鞘发病。初时叶片出现水渍状、不规则的暗绿色病斑，以后迅速扩大变成褐色，边缘棕褐色，中间灰白色；潮湿时，病斑上布满黑霉层，叶片上常有数个或数十个病斑，扩大后相互融合，使叶片干枯。防治方法：①收果后结合割枯老苗清除病株集中烧毁；②保持适宜的荫蔽度；③冬早期要适时喷水，使植株生势健壮；④发病初期用50%托布津1 000倍液喷洒，每隔10天喷1次，至控制为止。

3. 果疫病：该病主要为害果实。初时在果皮出现淡棕色病斑，后扩大至整个果实，使之变黑、变软、腐烂，果梗受害后呈褐色软腐状。在潮湿环境下，患部表面生有白色绵毛状菌丝。防治方法：①及时把病果收获加工，减少病原菌的传播；②春季注意排水，增施草木灰、石灰，增强果实抗病力；③幼果期，把苗群分隔出通风道，改善通风条件；④用1∶1∶150倍波尔多液喷施。每10天1次，连喷2～3次，收果前，停止喷药。

虫害　主要有黄潜蝇、老鼠。

1. 黄潜蝇：被害的“幼笋”先端干枯，直至死亡。防治方法：①加强水肥管理，促进植株生长健壮，减少钻心虫为害；②及时割除被害幼笋，集中烧毁；③成虫产卵盛期可用40%乐果乳油1 000倍液，每隔5～7天喷1次，连喷2～3次。

2. 老鼠、果子狸或其他动物偷吃阳春砂的果实，防治方法：①人工捕杀；②毒饵诱杀。

采收与加工

采收 阳春砂种后 2～3 年收获。当果实由鲜红变为紫红色，果肉呈荔枝肉状，种子由白色变为褐色和黑色而坚硬，有浓烈辛辣味时，即为成熟果实。用小刀或剪刀将果序剪下，不宜用手摘，以防伤害匍匐茎的表皮，影响次年开花结果。

加工

1. 焙干法：分“杀青”、“压实”和“复火”3 个工序。即将鲜果摊在竹筛上，置于炉灶上以文火焙干。燃料用谷壳、生柴或木炭火，最好用樟树叶盖在火上，使其只生烟不生明火。如此熏焙出的砂仁，气味浓质量佳。当焙至果皮软时（约五、六成干），要趁热喷一次水，使皮壳骤然收缩，干后皮肉紧密无空隙，可以长久保存不易生霉。

2. 晒干法：分“杀青”和“晒干”2 个工序。一般用木桶盛装砂仁，置于烟灶上，用湿麻袋盖密桶口，升火熏烟，至砂仁发汗（即果皮布满小水珠）时，取出摊放在竹筛或晒场上晒干。

（撰稿：丁平）

二十、芡（芡实）

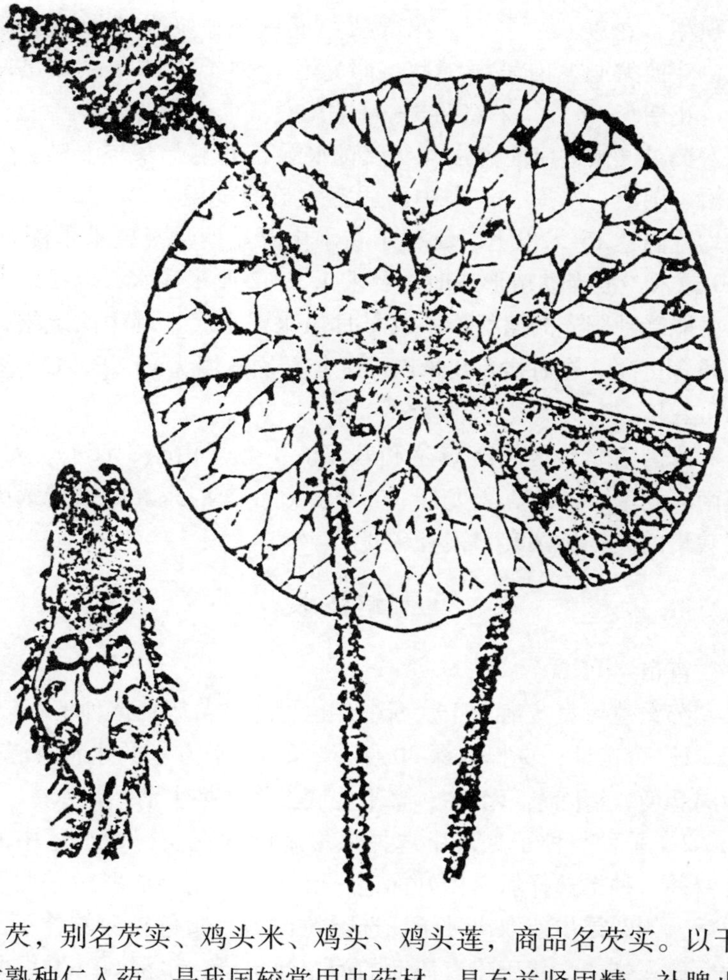

芡，别名芡实、鸡头米、鸡头、鸡头莲，商品名芡实。以干燥成熟种仁入药，是我国较常用中药材。具有益肾固精、补脾止泻、祛湿止带的功效。应用历史悠久，在国内外久负盛名。

植物形态与适生环境

芡为睡莲科一年生大型水生草本植物。根须状，白色，长80～120厘米，沉入水中，茎为短缩茎；幼叶箭形，沉入水中，大叶绿色，背面紫红色，浮于水面，肾形或近圆形，盾形，叶片直径可达90～120厘米，叶脉分枝处有针刺，叶柄长，密生小刺；花顶生，花梗长，多刺，花瓣紫色或白色；浆果球形，形似鸡头，外披尖刺，内呈海绵状，暗紫色；种子近球形，黑色，坚硬。花期6～9月，果熟期8～11月。

芡对气候适应能力强，喜温暖水湿，不耐严寒与干旱。生于池沼、湖泊、水库、沟渠中。适宜生长的气温为20～30 ℃，当平均气温达15 ℃以上时，种子在水中开始萌动。要求水深50～100厘米，但当幼苗形成时，要求1.5～2厘米浅水，以便幼苗在水中能受到阳光的照射，争取早日出水，水底土壤肥沃疏松，有机质含量高。在海拔800米以下，年平均气温为15～20 ℃的地区均可栽培。

我国南北地区均有野生和栽培。主产于山东、江苏、安徽、河南、湖南、湖北、黑龙江、吉林、辽宁、广东。广东省肇庆地区栽培的芡，称肇实，很有名气。

栽培技术

育苗

芡繁殖可直接播种于水塘中，也可经过苗床育苗种植。

1. 育苗地：选择水深20厘米，2～3平方米的水池作苗池，四周起埂，清除杂草杂物，整平池底淤泥，换上清洁池水。

2. 采种与种子处理：选择果形扁圆而充实，大小适中的果实留种。种果选择后，做好标记，留到种子充分成熟时采收。采收后，剖开果皮，取出种子，选颗粒饱满，颜色较深的种子，洗净后放入袋内，置于略有流动的河、池水下，水深60～90厘米。播种时取出，将种子用水浮洗后，放在浅盆中，加入适量清水，以浸没种子为度，置太阳下，或用25～30 ℃左右温水浸种催芽，常换水。7～8 天后露芽，即可播种。

3．育苗时期：春季 4 月初。

4．育苗方法：播种时将发芽种子贴近水面轻轻撇下，每平方米播种量约 250～300 粒。

5．育苗地管理：

（1）保水施肥：注意保持水位，不要过深。池底可视生长情况薄施人畜粪捏制的肥团。

（2）移苗：播种 30 天后，当幼苗长出 2～4 片小叶时，进行移苗分池培育。移苗池宜选择背风向阳、排灌方便、池土肥沃的水田，周围作高埂，施入基肥，畜水 15～20 厘米。移苗时将幼苗连种子带起，洗去泥土，按 50×50 厘米株行距插栽入池中，要栽稳栽浅，心叶露出土面。成活后可加灌池水，促进叶柄生长。

种植

1．种植地：选择气候温暖、阳光充足、水源正常、水深 60～100厘米，不流动或少流动、有淤泥，肥力中等疏松的池沼、湖泊、水库、沟渠或塘堰中栽培。选好后，清理杂质，整平泥土，按要求畜水。若肥力不足，每亩可施用有机肥制成的泥团 1 500～2 000公斤作基肥。

2．种植时间：在 5 月初，芡苗有 4～5 片绿叶时，即可起苗定植。

3．种植密度：移栽苗按 60×60 厘米开穴，穴深 20 厘米，穴径 30 厘米。通常每亩 120～160 穴，栽种 250～350 株。

4．种植方法：将幼苗浅栽于池穴中央，覆上泥土，露出心叶。待植株生长 20～30 天后，可逐渐培土移根。一般每亩秧苗可种植 5～7 亩大田。注意种植时池水要清，视线好，种植时随时起苗随时种植，确保幼苗成活。芡大面积深水湖荡种植多采用直播，春季将干种子 2～3 粒用黏土包裹成团，按株行距沉入水底，或秋后将采收的种子撒播于水池中。每亩用种量约 1.5 公斤。种子团株行距 120×150 厘米，或每亩控制播种量为 1～1.5 公斤。

5. 种植地管理

(1) 补苗移苗：当幼苗生长至浮出水面时，应根据其疏密情况及时进行移密补稀，保持适当的株行距。

(2) 调节水位：根据“春浅、夏深、秋放、冬畜”的原则来调节水位。春季浅水，水深0.5～0.7米，利于阳光照射，提高土温，利于发芽和幼苗生长；夏季深水，水深1～1.3米，可使水温与土温不致过高，促进叶柄生长与植株发育，为开花结果打基础；秋季放出部分池水，保持水量稳定，则利于促果熟；冬季畜水，保持水深0.5米左右，利于种子安全越冬。生育期间要求水深不低于0.6米。

(3) 除草追肥：及时拔除杂草，埋入土中作肥料，每年进行4～6次。在经常投放青草牛粪、饲料的养鱼塘，可不用施肥。当叶片肥大，叶色深绿时，表明肥力充足，无需追肥。当叶片长得薄而黄，新叶生长迟缓，前后叶片大小无差别，叶片皱褶致密时，表明肥力不足，应追施有机肥，每株施用粪肥、化肥制成的泥团肥2～3公斤，施肥次数与数量应视生长势而定。生长旺盛期可喷施0.2%磷酸二氢钾溶液1～2次，以增强抗性和增产。

(4) 防畜禽害：大牲畜和家禽（鹅、鸭）不能放入栽培芡的池塘游牧，以免损伤芡茎叶与花蕾、果实；如结合养鱼，则只能在秋冬放水捕捞。

病虫害防治

病害 叶斑病和叶瘤病。

1. 叶斑病：该病为害叶片，多发于高温高湿的7～9月。受害叶片呈圆病斑，初为暗绿色，后变深褐色，有轮纹，严重时可使全叶腐烂。防治方法：①发病初期，用50%多菌灵可湿性粉剂500倍液喷雾；②用70%托布津1 000倍液外加0.3%洗衣粉喷雾，每周喷1次，连喷2～3次。

2. 叶瘤病：该病较为常见，发病时叶片出现淡绿色黄斑，后隆起肿大，呈瘤状，后期病部腐烂，散放出大量黑色小颗粒。防治方法：用50%多菌灵可湿性粉剂700～1 000倍液喷雾。

虫害　主要有莲缢管蚜、椎实螺、食根金花虫和菱角紫叶蝉。

1. 莲缢管蚜：成虫或若虫成群集于叶片，吸取汁液，致使叶片发黄或枯萎。防治方法：用40%乐果乳油1 000～1 200倍液喷雾。

2. 椎实螺：该虫咬啃幼嫩茎叶，同时为害根系，使植株生长迟缓，叶片瘦小，严重时致植株死亡。防治方法：①每亩用贝螺杀0.05公斤兑水50公斤喷杀；②每亩用茶籽饼5公斤温水50公斤的浸泡液喷雾。

3. 食根金花虫：幼虫集结于水下土壤，为害根系，使地上部分发黄，多发于池塘、深水田、低洼积水地、排水不良的沤水田或山地冷水田。防治方法：及时检查，发现虫害，尽量排去田水，每亩用5%乙敌粉2公斤拌细土20公斤施埋入土中，杀灭地蛆。

4. 菱角紫叶蝉：成虫或若虫群集于叶茎部，刺吸汁液，造成伤痕，影响生长发育，多与莲缢管蚜混合发生，可一并防治。防治方法：用40%乐果乳油1 500倍液喷雾。

采收与加工

采收　9～10月，果皮呈现红褐色，成熟时可采收。因果实成熟时间不一致，应采取多次采收。采收时乘坐小船，用长柄镰刀割取，露出面上的成熟果实，并捞起自行开裂浮在水面的种子。或在大部分果实成熟时，割去叶片后，一次性将全部果实采回，用竹篼捞起散落于水面的果实。

加工　将采回的果实堆放在一起或置于坑中，覆上稻草，泼水堆沤，5～7天翻动1次，再堆3～5天，果皮即自行腐烂，将烂果置于竹箩中，用清水淘洗干净，捞出种子晒干，用机器脱壳，取出种仁。但此法种仁破碎较多，影响种子质量。或将洗净的新鲜种子，用特制快刀削切，取出种仁，晒干或烘干。

（撰写：徐新春）

二十一、芦　荟

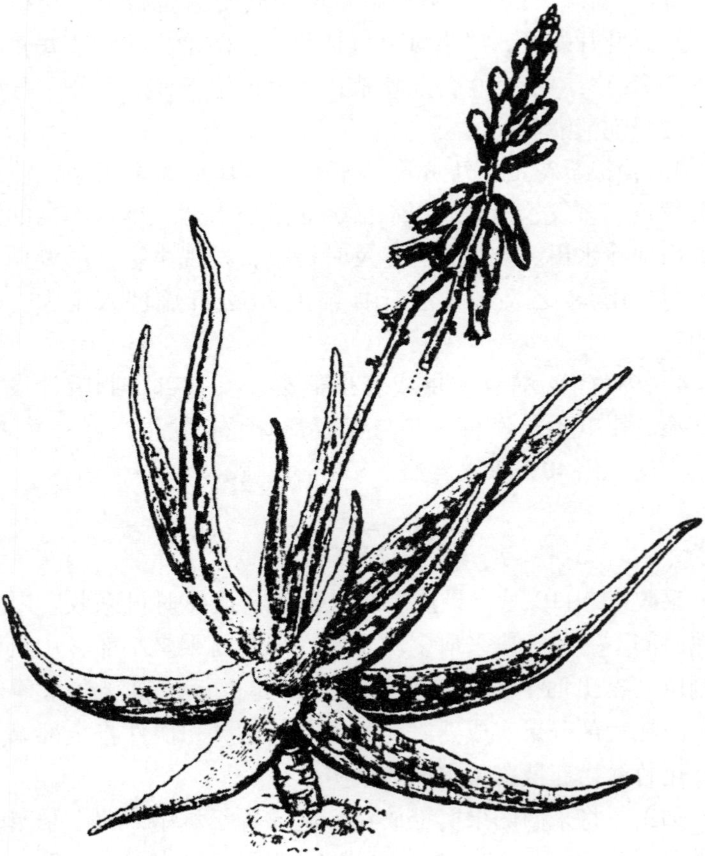

芦荟，别名：油葱、龙角、象鼻草等。我国药典收载的芦荟是库拉索芦荟和好望角芦荟，或其他同属近缘植物的叶汁干燥后，为常用中药芦荟。芦荟有清肝热、通便等功效。中药芦荟过去主要依靠进口，20 世纪 80 年代末，我国芦荟产业开始起步，现集医药、保健、美容于一身。

植物形态与适生环境

库拉索芦荟，又名翠叶芦荟，茎高30～60厘米，茎极短；叶簇生于茎顶，向上斜举，肥厚多液，呈狭披针形，叶尖和叶缘有针刺，淡绿色；花茎单生，长约3厘米，高60～90厘米，呈鲜黄色，总状花序疏散；蒴果，三角形。花期2～3月。

国产芦荟是库拉索芦荟的变种，因原产中国，故称中国芦荟、中华芦荟，其叶片上布白色斑点，又叫斑纹芦荟，茎高30～60厘米；叶肥厚多汁，簇生于短茎上，呈莲座式排列，叶片剑形，直立而斜展，边缘有刺状小点；总状花序顶生，花枝高于叶，花黄色，筒状，开放时下垂；蒴果长圆形；种子偏斜并具有不规则的翅。花期3～6月，果熟期8～11月。

库拉索芦荟适宜生长地是南美洲，遇3 ℃以下的气温时，叶尖就会损伤。受到0 ℃以下的冻害后，植株死亡。

中国芦荟喜温暖，怕寒冷。当气温降至0 ℃时即遭寒害，在零下1 ℃时植株开始死亡。但在有覆盖的条件下，能忍受零下3 ℃的短暂霜冻。耐干旱，连根挖出在阳光下晒1～2月，仍不干枯。忌潮湿的环境。常生长在年雨量稀少，地面蒸发量高的滨海砂地灌丛中，或生于炎热地区的岩石缝隙间；是热带沿海地区的一种喜光植物，要求充足的阳光，过于荫蔽的地方，容易引起叶的局部腐烂；对土壤要求不严，但要满足根部对氧气的需求，在透气良好、湿润肥沃的土壤中，叶片浓绿肥厚，而在土层坚硬干旱瘠薄土壤上生长，则叶片色黄且瘦小。

库拉索芦荟南美广泛栽培，现广东、海南有引种栽培。

国产芦荟，主产于海南、广东、广西、云南、福建、台湾等省（区）。

栽培技术

育苗

1. 育苗地：宜选择排水和透气性良好、肥沃的砂质壤土。
2. 育苗方法：用扦插繁殖、分株繁殖和组织培养。

（1）芽插繁殖

插芽选择和截取：从茁壮结实的母株上切取连着茎秆的新顶芽，长5~10厘米，置阴凉处，夏季放置4~5小时，秋冬季放置1~2天，使切口略收缩干燥，这样可防止腐烂和促进新根发生，然后将芽扦插在搭有荫棚的苗床上。

芽插季节：一般多在春夏之间。

芽插方法：在整好的苗床上，按株行距50×50厘米，插深3~4厘米，插后20天左右即可发生新根。

（2）分株繁殖

分株苗的选择：芦荟的地下茎能发生幼芽，向四周分蘖而形成许多新株。分株时，将母株周围分蘖出来的新株，连根挖取，并与母株的地下茎切断，即可栽种。

繁殖季节：一般在3月下旬至4月上旬进行。

（3）组织培养：将外植体经常规消毒后，接种于MS培养基+BA0.5~3 mg/L+NAA0.01~0.5 mg/L，2~3周后，外植体上开始形成大量愈伤组织或少量丛生芽，将它分离转移到MS+BA0.5~1 mg/L+NAA 0.01 mg/L+GA_3 0.2~1 mg/L，1周后便开始形成大量丛生芽；将其分离后，单株转移至培养基MS+IBA 0.2~0.4mg/L+CCC 1 mg/L，3周就能形成完整植株。

3. 育苗地管理

（1）遮荫：苗床要搭设荫棚遮荫。

（2）淋水：在未生出根之前，不要浇水，夏季天热干燥时必须淋水，但不宜过于潮湿。注意排除积水，以免烂根。

（3）除草施肥：苗床要勤除杂草，植株成活后，适当施有机肥，促使幼苗生长，培育壮苗。

种植

1. 种植地：宜选阳光充足、排水良好、肥沃、富有石灰质的壤土和砂质壤土的缓坡地为宜。定植前耕翻土地，每亩施有机肥和土杂肥2 500公斤作基肥，然后起畦，畦宽1~1.2米，长视地形而定。过湿过粘的土壤易遭病虫害，不宜栽种。

2. 种植时间：露地栽植，应在春季气温回升，不受低温霜冻威胁时进行。

3．种植密度：株行距随植株大小而定，用分株繁殖的苗木，高达8～16厘米，株行距为45×45或50×50厘米，用顶梢培育的较大苗木，植距还可适当宽些。每穴栽1～2株。

4．种植方法：从苗床挖起的苗木，可将其根部浸渍在厩肥黏土的混合物内，剪去一部分过长的根。定植时将根系舒展，覆土压紧，如土壤干燥需浇定根水，然后在上面再培干土，或用细小树枝遮荫。

5．种植地管理

（1）浇水排水：夏季干旱时，要适当浇水，每周2～3次，不宜过于潮湿，雨季注意排除积水，积水10小时以上，会因氧气不足使根部腐烂。

（2）松土除草：生长期间要勤松土和除草，每年至少2～3次。结合除草同时松土和培土，保护根部。

（3）施肥：为促进植株生长，应及时施用人粪尿，每亩施人粪尿1 000～1 500公斤，促进壮苗高产，冬季增施磷钾肥，如骨粉、堆肥等。采收叶子后宜追矿质肥和迟效有机肥，使它能不断吸收养分。凡能增加土壤酸性的肥料，应该避免使用，或者施用石灰加以中和。

（4）防冻：为了增强植株的抗寒力，秋季应减少淋水，避开傍晚浇水，在进入霜冻前，应停止施氮肥。低温季节要注意防寒，以免受冻害死亡。

病虫害防治

芦荟生长粗放，抗病虫性强，栽培中罕见病虫害。但要适当防止炭疽病的发生。

炭疽病：多在连续阴雨、阳光不足、土壤积水和管理不善的情况下发生。由真菌引起，发病后，叶片病斑近圆形，褐色，有时病斑龟裂。防治方法：①采用综合防治，选好地，加强田间管理，增强抗病能力；②用1∶1∶100的波尔多液喷雾。

蚜虫：危害花和蕾。防治方法：用40%乐果乳油1 500倍液喷杀。

采收与加工

采收 芦荟种植2～3年后即可收获。在芦荟叶片生长旺盛期，选择低部与中部发育良好的叶片，分批采收，绝对不可采去梢尖上的嫩叶，嫩叶要留足8～9片。

加工 由于产地、采收季节和用途的不同，加工工艺亦不同，常用的工艺有：（1）将采下的叶片，切口向下，直放于木槽或其他盛器中，取其流出的汁液干燥即可。或将割下的鲜叶片，切口向下，直放于盛器中，取其流出的液汁干燥即成。（2）将叶片洗净，用手工或机器横切成片，加入与叶片同重量的水，用猛火煎煮3～4小时，再用纱布过滤，把澄清的过滤液放入锅中加热蒸发至稠粘状，倒入模型内烘干或在太阳下曝晒至干，即为药用芦荟膏。（3）目前加工食品的工艺是：①将采上的叶片洗净；②分离叶皮叶肉；③粉碎叶肉，除去粗纤维，匀化，用防腐剂固定；④粉碎叶皮，除去粗纤维，匀化，减少液汁中的蒽醌，消毒液汁，用防腐剂稳定；⑤合并叶肉液和叶皮液即成食用芦荟。

（撰稿：贺红）

二十二、苏　木

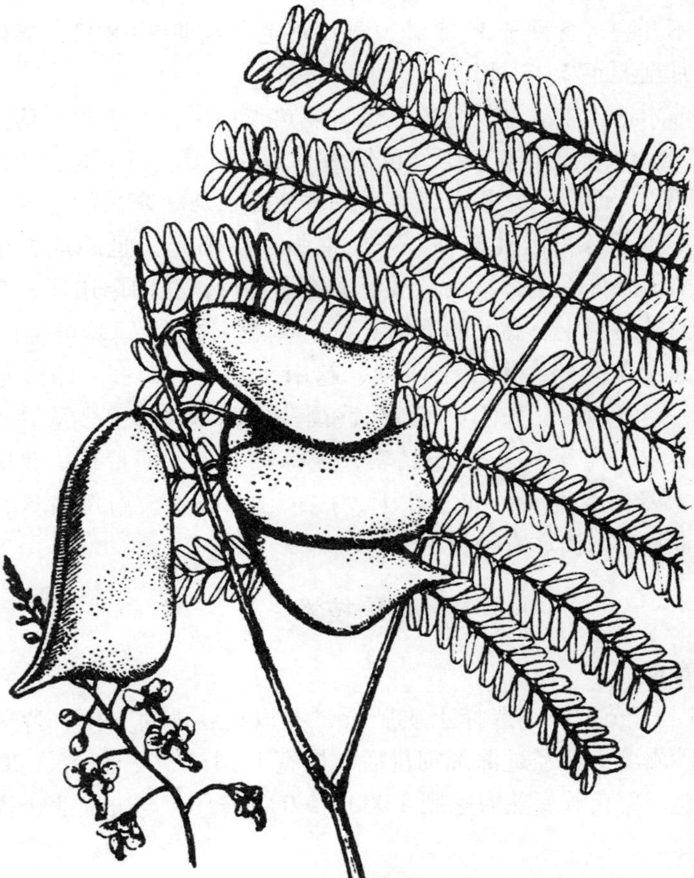

苏木，别名苏方木，红木，是我国的常用中药，其心材供药用。具行血祛瘀、消肿止痛的功效。已有 1 000 多年的应用历史。此外，其枝干可提取红色染料，根可提取黄色染料。

植物形态与适生环境

苏木为豆科灌木或小乔木，高 5 ~ 13 米。枝干有疏钩刺，幼枝具绒毛，后脱落；叶为二回羽状复叶，小叶 9 ~ 19 对，小叶片矩圆形，偏斜，全缘，表面绿色，背面具腺点；圆锥花序腋生或顶生，花黄色；荚果扁倒卵状矩圆形，偏斜，木质坚厚，熟时暗红色不开裂，含种子 3 ~ 5 粒，具短茸毛。花期 5 ~ 8 月，果熟期为 9 月至翌年 2 ~ 3 月。

苏木适生于气温较高的热带、亚热带地区，要求年平均温度 20 ℃以上，能耐轻霜，但幼苗怕寒冷，在 8 ℃：以下时，往往受冻害死亡。耐旱，忌积水，年平均降水量 2 000 毫米的地区，也能正常生长。是阳性树种，需光性强，在阳光充足的地方生长快，荫蔽条件下生长不良。对土壤要求不严，在向阳山区、丘陵地区的砂质壤土、黏性的黄壤土和平原河旁冲积土，均可生长。

苏木在国外，主产于印度、越南、缅甸、泰国、印度尼西亚、苏门答腊、马来西亚等地。我国药用苏木，过去多从海外进口，习称“洋苏木”，质坚结实，色棕红而深，质量佳。我国也有野生资源，主要分布于广西、广东、海南、云南等省区，四川、贵州、台湾亦有种植。

栽培技术

育苗

1. 育苗地：宜选择土质肥沃、不积水、排灌方便、背风向阳的砂质壤土。经过深翻细耕后，按宽 1 ~ 1. 2 米，高 15 ~ 20 厘米起畦。每亩施腐熟农家肥 4 000 ~ 5 000 公斤，与畦面表土混合作基肥。

2. 育苗方法：种子繁殖。

（1）采种及种子处理：苏木在海南岛 5 ~ 9 月开始开花，9 月至翌年 2 月间果实成熟；在云南西双版纳 6 ~ 8 月开花，11 月至翌年 1 月间果实成熟；在广西 10 月下旬至翌年 3 月果实成熟。由于花期时间较长，荚果成熟持续时间也较长，因此，要成熟一批，采收一批。如过迟采收，则种子多遭虫蛀，或已发霉变质。一般可掌握在果荚由绿变黄色或青褐色，摇之作响时，即可用钩刀采集。荚果经干燥后裂开，可用棒打出种子，阴干后布袋干藏于通气的瓦罐中，以防虫蛀。

选取粒大饱满、质硬有光泽，无虫蛀的种子作种用。由于种皮坚实，不易吸水膨胀，影响出苗，在自然条件下，出苗率在30%以下，需要进行种子处理。具体办法是先将种皮轻度磨破，以不伤种胚为度，然后用30～40 ℃的温水浸泡20～24小时至自然冷却，或用0.05%硼酸液浸12小时。经过处理后的种子，播种后7天左右可出苗，出苗率可达90%以上。

（2）播种期：宜在3～4月间播种，不宜冬播。

（3）播种方法：在已整好的畦上采用开沟点播，每隔20厘米开一播种沟，沟内每距6厘米点播1粒种子，覆土2～3厘米，盖上稻草，每亩用种量为20公斤左右。翌年3～5月苗高达60～100厘米，茎粗约1厘米时可移栽定植。

3. 育苗地管理

（1）淋水、防涝：育苗地在出苗前要经常保持土壤湿润，雨季要注意排除积水。

（2）除草、松土：出苗时揭去盖草，并及时拔除杂草。适当松土，但要防止人畜踩踏。

（3）施肥：苗高达4～6厘米时要增施1次稀薄人粪尿，每亩500～1 000公斤。

（4）间苗：当苗高达10～15厘米时要进行间苗，把弱苗、小苗适当间除，促进幼苗健壮生长。

种植

1. 种植地：宜选择干热的山坡、落叶阔叶林或稀疏灌木林地，砂质土、黏性黄土和平原河旁冲积土等地方，也可种于房前屋后、田边道旁、村前村后、零星的田边地角和林缘。按株行距开穴，植穴规格为50×50×40厘米，施腐熟农家肥5～10公斤与表土混合做基肥。

2. 种植时间：翌年3～5月苗高达60厘米以上时，可移栽定植，最好在新芽萌动前，选阴雨天进行。

3. 种植密度：株行距2×2米。

4. 种植方法：苗要栽直，覆土后轻轻往上提，使根系舒展，不要弯曲，踏实。填土应略高于地面，以防积水，晴天应淋足定根水。

直播造林：具体方法是，将选好的种子，在4~6月选择阴雨天，或晴天早晚，进行直播，在整好的林地按株行距挖穴，施适量有机肥作基肥，每穴播种2~3粒，覆土略高于地面呈龟背形，防止雨后下陷积水，加盖稻草保持土壤湿润。

萌芽更新：具体方法是，对采伐后的树桩，应加强除草、松土、施肥管理，促进伐根萌发新株和新枝生长，以恢复长势。萌芽更新比重新栽植的生长要快，5~6年生则可砍伐利用。

5. 种植地管理

（1）修枝：为了促使主干粗大和便于田间管理，可在定植第2~3年，把主干基部的下垂枝、弱枝进行适当的修剪。

（2）间种：成林间种红薯、大豆、花生、玉米等作物。

病虫害防治

苏木的虫害主要有吹绵介壳虫、金龟子和蚜虫。

1. 吹绵介壳虫：多以成虫或若虫为害茎、叶，影响其生长发育。防治方法：①加强林地管理，清洁场地；②在植株发芽前或若虫未形成前用波美0.5~1度（夏季），3度（冬季）石灰硫磺合剂喷杀；③虫害发生时，用40%乐果乳剂1 500倍液喷洒；④人工捕杀若虫，或保护与饲养澳洲黑瓢虫和大红瓢虫捕食。

2. 金龟子：为害叶，严重时把嫩枝、叶片吃光。防治方法：①人工捕捉灭杀；②用90%固体敌百虫做成毒饵进行诱杀。

3. 蚜虫：为害嫩芽，可用40%的乐果乳油稀释1 000倍喷杀。

采收加工

采收　苏木定植3~4年后就有红色或棕红色心材，一般树干越粗，树龄越大，树干心材色泽越深，质量越好。用刀轻度砍伤主干可加速心材变红。心材与边材有较明显的区别，心材红黄色或红棕色，边材则颜色较浅。以茎基部心材质量最佳，上部细枝心材质量较差。一年四季均可采收，一般选秋冬季将树干从茎基部高 15 ~ 20 厘米处砍倒为宜。采收时要注意保护资源，不要连根挖取，留下伐桩，以萌芽更新。

加工　将砍倒的树干，削去枝桠，锯成 60 厘米的短段，削去粗糙外皮和浅色的边材，取紫红色或红黄色的心材切片或劈碎，置通风处晒干或阴干即成商品。粗大的枝条也可取其心材入药。

（撰稿：刘军民）

二十三、杜　仲

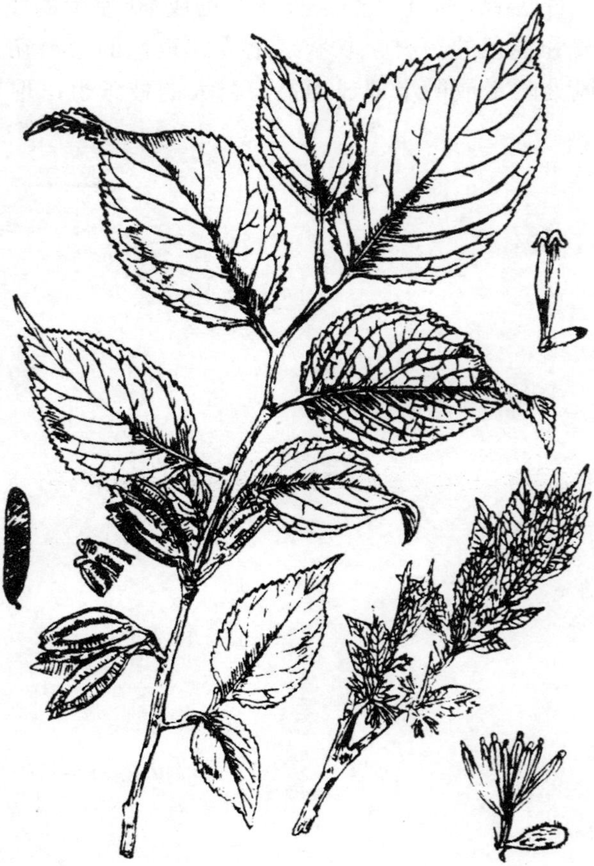

杜仲，又名玉丝皮，商品名杜仲，以干燥树皮、叶入药。其树皮为强腰健肾的名贵中药。具有近千年的栽培历史，它是我国特有的经济树种，杜仲叶过去很少利用，20 世纪 90 年代以来，发现它在防治心血管疾病方面的疗效，身价倍增。由于杜仲在医疗领域和轻工业的作用，需求量日益增多。

植物形态及适生环境

杜仲为杜仲科落叶乔木。植株高过 10～20 米，胸围可达 60 厘米以上，树杆端直，树皮灰色粗糙；皮、叶、果实折断时有银色胶丝相连；叶互生，有短柄，卵状椭圆形，边缘有锯齿；花单性，雌雄异株，花先开于叶或与叶同时开放，花无花被；果实长椭圆形，扁平而薄，中间稍厚凸，内含 1 粒种子。花期 3～4 月，果熟期 10～11 月。

杜仲对气温的适应性强，在年均温 11.7～17.1 ℃，绝对最高温 33.5～43.6 ℃，绝对最低温零下 4.1～19.1 ℃，降水量在 478.3～1 401.5 毫米的地区均能正常生长发育；喜光，对光照要求较严，耐荫能力差；对土壤的适应性强，但适于生长在土壤深厚、肥沃湿润、排水良好的向阳的山麓或山体下部。

主要分布于贵州、四川、湖北、湖南、陕西、甘肃、等省区，广东也有栽培。

栽培技术

育苗

1．育苗地：选土层深厚，疏松肥沃，土壤酸性或微碱性，排水良好的向阳坡地，施足基肥，深翻土壤，耙平，作宽 1 米的畦，在畦面上撒一层细肥土，备用。

2．育苗方法：用种子、扦插、压条及嫁接繁殖。

（1）种子繁殖

选种：选择 20～30 年树龄、无病虫害和未剥过皮的健壮雌株作母树，要求种子新鲜、饱满、淡褐色有光泽。

采种及种子处理：在农历霜降前当果皮呈白色时，采收为宜。杜仲种子需经历一段低温处理，始能正常萌发。其果皮含胶质，干燥后妨碍种子吸收水分，延缓发芽，降低发芽率，故采收种子应该进行催芽处理。春播，将种子与清洁湿润细砂 1∶10 混合后进行层积处理，或播种前，用 20 ℃温水浸种 2～3 次，每天换水1~2次，随时搅拌，待种子膨胀后取出，稍晾干后播种。

播种期：冬季霜雪危害不大的地区在冬季11~12月，气候温暖地区可在春季2~3月，月均温达10℃时进行。

播种方法：在已整好的畦上按行距25~30厘米，开横沟，深3~4厘米，将种子均匀撒入沟内，覆细土，播后盖草，每亩播种量6~10公斤。每亩可产苗木2~3万株。

（2）扦插繁殖

插条的选择与截取：选择18~20年生母树，剪取当年生无病虫害的嫩枝，剪成长10厘米左右的插条，上部一个芽要与顶部相平，下端的削口成马蹄形，随削随插。

扦插季节：在春夏之交，土温达21~25℃，雨量渐多时进行。

扦插方法：按株行距5×20厘米扦插入土中，深度不少于插条长的2/3，插后15~30天即可生根，如用50 ppm奈乙酸处理插条24小时，插条的成活率可达80%以上。

（3）根插繁殖：在苗木出圃时，修剪菌根，取径粗1~2厘米的根，剪成10~15厘米的根段，进行根插，粗的一端微露地面，在断面下方可萌发新梢。

（4）嫁接繁殖：用2年生的苗木作砧木，选优良母树上1年生新枝作接穗，于早春切接于砧木上，方法可参阅“银杏”的嫁接繁殖。

3. 育苗地管理

（1）遮荫间苗：刚出土的幼苗怕烈日，要注意遮荫，防止幼苗枯死或灼伤；待苗高3~4厘米时，可进行间苗，每行留壮苗20~25株。

（2）淋水防涝：播种后，要经常淋水，多雨季节要疏沟排涝。

（3）除草追肥：幼苗出土时，将畦上的盖草除去。苗期要勤除草，结合中耕除草，进行多次施肥，每亩施人粪尿1 000~1 500公斤或尿素3~5公斤，兑水施下。

种植

1. 种植地：选土层深厚疏松肥沃、地势向阳、湿润而排灌方便、酸碱度近中性、富含腐殖质的壤土或砂质壤土为宜。种植前按行株距挖穴，穴的规格为60×60×45～50厘米，每穴施厩肥或垃圾等土杂肥作基肥，与土混合。

2. 种植时间：冬末春初，在落叶后，幼芽尚未萌动前，移栽。

3. 种植密度：行株距3×2.5米。

4. 种植方法：取高0.5～1.0米的1年生苗木，放于穴中，每穴栽1株。逐层加土，稍压，把苗木向上提一提，使根自然舒展，然后浇定根水，盖少量细土即可。

5. 种植地管理

(1) 林间套作：套作以5年为限，可套作豆类和浅根作物，切忌套作伤害杜仲根系的深根作物。

(2) 中耕除草：幼林期可结合护理间种作物同时进行，成年林每年春夏二季各进行1次中耕除草，在植株周围中耕松土6～8厘米，并把铲除的杂草压入根部土壤作肥料。

(3) 施肥：一般每年追肥2次，分别在2月和6月，每株施堆肥或厩肥25公斤左右。

(4) 截顶与整枝：当株高3～4米时，应将其主干顶端剪除，并修剪过密枝、纤弱枝、下垂枝，以利养分集中到主树干和主分枝，促进树径加粗，树皮增厚。

病虫害防治

病害 主要有立枯病、根腐病、叶枯病。

1. 立枯病：在大气湿度大，幼苗密生或揭草过迟，感病幼苗顶端容易腐烂，4～6月多雨季节，幼苗尚未木质化前得病，茎基部病斑呈褐色、缢缩，后腐烂倒苗。防治方法：①选择排水良好的苗床，忌用前作物为蔬菜、棉花、马铃薯等的土地；②播种前10天左右，每亩喷洒40%甲醛溶液3～4公斤，然后盖草进行土壤消毒；③播种时用50%多菌灵25公斤与细土混和后，撒在苗床或播种沟内；④发病期间，用50%多菌灵1 000倍液浇灌。

2. 根腐病：土壤黏重，排水不良，管理不善，病害侵害苗木，致使苗木根部皮层和侧根腐烂，植株枯萎，一般在6～8月发生，雨季较严重。防治方法：①实行轮作，减少病源物；②选择地势高燥，排水良好，土壤疏松的土地作苗圃；③发病初期用50%托布津1 000倍液浇灌。

3. 叶枯病：被害植株叶片上出现黑褐色斑点，并不断扩大，病斑边缘褐色，中间呈灰白色，有时病斑破裂、穿孔，严重时，叶片枯死。防治方法：①冬季清除枯枝落叶，减少越冬菌源；②在生长期喷1∶1∶100波尔多液。

虫害 主要有豹纹蠹蛾、地老虎、蓑蛾。

1. 豹纹蠹蛾：多发生在幼林内，幼虫蛀害枝干，致使树木长势衰退，严重时树干蛀空而倒折，全树枯萎。防治方法：①冬季清园，消灭越冬害虫；②在成虫产卵前，用白涂剂涂刷树干；⑧幼虫孵化期，在树干上喷洒40%乐果乳油400～800倍液；④在树干上发现有新鲜虫粪，用蘸取敌百虫原液的棉球塞入虫道，并用黄泥封口，毒杀幼虫。

2. 地老虎：主要为害幼苗，初龄幼虫群居于幼嫩部分取食，三龄后分散，白天卷缩隐居于幼苗根旁，晚间为害，咬断嫩茎幼芽。防治方法：①清除产卵场所和幼龄幼虫；②进行人工捕杀；③用糖醋液（即红糖6份，醋2份，酒1份，水10份）加90%固体敌百虫拌饵诱杀。

3. 蓑蛾：又名车袋虫，皮袋虫等，被害的植株叶成很多圆形孔洞，一般在3月气温转暖后开始活动，7～8月间为害最严重。防治方法：①人工摘除；②在幼虫幼龄期喷90%固体敌百虫800～1 000倍液；③将虫口较多的树枝剪去，集中烧毁。

采收与加工

采收 杜仲定植后10年以上，树围60厘米以上可以采收，一般每年5～6月树液流畅时进行。采收方法目前多采用环状剥皮新技术。剥皮时间宜选在高温多湿，昼夜温差小，光照不强的条件下，首先在树干分枝下面用利刀绕茎横割一周，然后呈丁字形纵割一刀，深度要掌握不伤木质部及形成层，后撬起树皮，沿横割的刀痕把树皮向两侧撕裂，一边撕一边割断残连皮部，绕树干一周全部割断，向下撕裂至离地 10 厘米处割下，得完整筒皮。3 年后，树皮又能长到正常厚度，可再次环剥。

加工　剥下的树皮用开水烫后，放置平地，以稻草垫底，使树皮相互紧密更叠，上盖木板，并加石块压平，然后用稻草覆盖，使其发汗，经 5～6 天后，内皮呈紫色时，取出晒干，晒时要注意压平，刮去粗皮，按规格要求，修切整齐。

杜仲叶可在 10～11 月落叶前采摘，拣去枯枝杂质，晒干或晾干即可。

（撰稿：钟小清）

二十四、何首乌

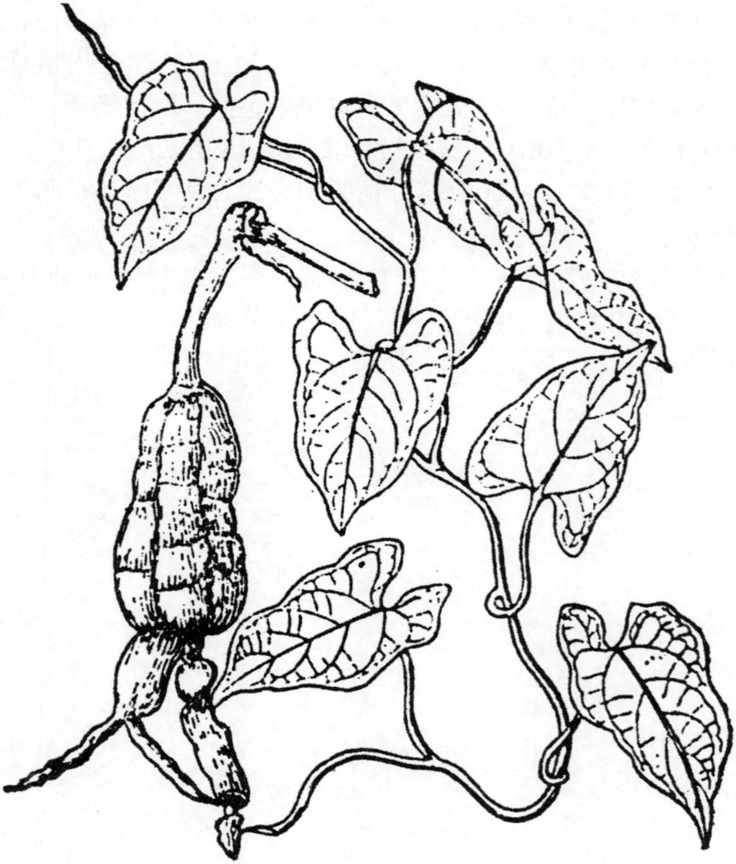

何首乌，别名首乌、赤首乌、乌肝石，商品名何首乌。以块根入药。是我国常用的大宗中药材。具有解毒、消痈，润肠通便的功效。用药历史悠久，驰名中外。

植物形态与适生环境

为蓼科多年生草本植物。根细长，末端膨大成肥大不规则的块根，质坚实而重，外皮红棕色至暗褐色，切面为棕黄色颗粒状。茎缠绕，长3~4米，中空，多分枝，常红紫色，光滑无毛。单叶互生，纸质，卵形，先端渐尖，基部心形，全缘，托叶鞘短筒状，膜质。圆锥花序，顶生或腋生。瘦果三角形、卵形或椭圆形，黑色，有光泽，具3棱。花期10月，果熟期11~12月。

何首乌喜温暖湿润环境，耐寒，耐荫，忌干燥，怕积水。多野生于灌木丛、丘陵、坡地等向阳或半荫蔽处。喜生长于疏松肥沃、排水良好、富含腐殖质的砂质壤土中，黏土生长差。道地产区广东德庆县，年平均气温为20.2~21.5 ℃，7月份平均气温为27.3~28.7 ℃，1月份平均气温为11.2~12.5 ℃，年平均降雨量在1 418~1 705毫米之间，生长良好。

何首乌主要分布于广东、广西、湖北、湖南、贵州、四川、云南、福建等省区，多为野生，部分地区有栽培。家种何首乌主产于广东德庆、清远、高州、新兴、云浮、廉江。尤其德庆何首乌为道地药材。

栽培技术

育亩

1. 育亩地：可选择房前屋后、山坡林地、沟边等富含腐殖质的砂质壤土作苗床。深翻土壤达30厘米以上。清理整地后耙平，作宽1米，高15~20厘米的畦，四周开沟，沟宽30厘米，下足厩肥、草木灰等基肥。

2. 育亩方法：用种子、扦插、条、块根和组织培养繁殖，主要采用扦插繁殖。

(1) 种子繁殖

采种与种子处理：于冬季将成熟的果实轻轻剪下，搓出种子，贮存在纸箱中。

播种时间：2月下旬至3月下旬。

播种方法：在整好的苗床上，按行距 10 ~ 15 厘米开浅沟，将种子撒播于沟内，覆上 1 ~ 2 厘米细土，压紧，浇水。每亩播种 1.5 ~ 2 公斤。

四川省采用种子直播，不仅繁殖系数大，易达到全苗，且省工减少费用。

（2）扦插繁殖

插条选择和截取：选择 1 年生粗壮、无病虫害的老熟藤蔓作插条。剪成 20 ~ 25 厘米一段，每段含 2 ~ 3 个节，去除多余叶片。

扦插时间：早春 2 ~ 3 月或冬末。

扦插方法：在整好的畦上开 10 厘米深的小沟，把插条插入土中 2/3，露出地面 1 个节，不要倒插，要斜插。覆土压实，浇水。广东德庆县习惯于收获前，选取植株基部萌发的粗壮新芽，剪成长 20 ~ 25 厘米的插条，定植于大田。

（3）块根育苗

块根选择：选健壮、无病虫害的小块根，截成每段带有 2 ~ 3 个芽头，或取带 2 ~ 3 厘米茎的块根作种源。

根插时间：2 月下旬至 3 月上旬。

根插方法：在整好的畦面上，按株行距 15 × 25 厘米开穴，穴深 6 ~ 10 厘米，每穴栽入 1 根，覆土后浇水。

（4）组织培养：用何首乌幼嫩茎、叶为外植体，置于 MS + 2.4D 1 mg/L + 6 – BA 1 mg/L + IBA 0.5 mg/L 的培养基中，在暗培养条件下，产生愈伤组织，然后产生完整植株，成苗率为 95%。可在有条件的地区进行。

3. 育苗地管理

（1）排灌：加强苗期管理，及时浇水保持床面湿润，幼苗成活后少浇水。雨季苗床过湿时，注意排水。

（2）除草：勤除杂草，见草就拔。

（3）间苗：种子出苗后 10 ~ 20 天，进行间苗，疏去过密苗、病弱苗。缺苗的地方要补苗，以株距 4 ~ 5 厘米为宜。

（4）施肥：苗木生根后，薄施人粪尿水，或用 2% 尿素淋施。

种植

1．种植地：选择排灌方便、土壤疏松肥沃的大田作种植地，种植前整地，翻耕土壤后作畦。

2．种植时间：宜在春季定植，当播种苗高 10～12 厘米，扦插苗长 10～15 厘米，有数条新根时出圃种植。

3．种植密度：株行距 15×50 厘米或 25×45 厘米。

4．种植方法：起苗后，留基部 20 厘米左右的茎段，其余的剪掉，并将不定根和小薯块一起除掉。然后在整好的地里单行种植，按株距挖穴，每穴栽种 2 株，栽后覆土压实，浇定根水。

5．种植地管理

（1）中耕除草：早春时勤除杂草。雨季土壤易板结，宜勤松土，利于植株生长。

（2）淋水排灌：保持田间湿润，利于植株成活，成活后少浇水；雨季，要做好排水工作，防止浸渍烂根。

（3）培土、追肥：南方产区于 12 月底在何首乌基部培土，促使次年多生茎蔓；北方在入冬前培土，以利越冬。定植后 15 天，第 1 次施肥，每亩施稀人粪尿 2 500 公斤。半个月后第 2 次施肥．每亩追施土杂肥 1 500 公斤或过磷酸钙 20～30 公斤与硫酸铵 10～15 公斤。

（4）搭架：当苗高 30 厘米时，用竹或树枝搭成“人”字形支架成竹墙，高约 1.5 米，使其缠绕向上生长。

（5）打项剪蔓：当藤蔓长至 2 米高时，应摘去顶芽，促进分枝，枝条过多时可修去一部分，摘去主苗 1 米以下分枝芽和从基部萌发出来的徙长枝，减少养分消耗。

病虫害防治

病害　叶斑病和根腐病。

1．叶斑病：该病为害叶片，多发生于高温高湿的夏季。受害叶片呈黄褐色病斑，严重时叶片枯落。防治方法：发病初期，用 1∶1∶120 波尔多液喷雾，每 7 天喷 1 次，连喷 2～3 次。

2．根腐病：该病多发于夏季，为害根部，排水不良地段较严重。被害植株根部腐烂，地上部分枯死。防治方法：①立即清除病株，并撒上石灰；②用50%多菌灵可湿性粉剂1 000倍液浇灌根部。

虫害 主要有蚜虫、金龟子和地老虎。

1. 蚜虫：以成虫、若虫吸食茎叶汁液，严重时叶片皱缩，生长受阻，还可造成茎叶发病，影响植株正常生长，降低产量。防治方法：①冬季彻底清理园地，集中烧毁枯藤落叶。②发生期用40%乐果乳油1 000倍液加少量煤油喷洒，每隔7~10天喷1次，连续2~3次。

2. 金龟子：成虫为害叶片，咬食残缺，严重时吃光。防治方法：①用90%固体敌百虫1 000倍液喷杀；②人工捕杀。

3. 地老虎：以幼（若）虫为害根部，造成地上生长不良或枯萎死亡。防治方法：发生时用50%辛硫磷与烧香的麦皮、谷糠配制成毒饵或毒土，在傍晚撒于畦面诱杀。

采收与加工

采收 种植2~3年后，秋季落叶后或早春新芽未萌发前采挖。采挖时先割去地上部分，然后挖出块根。

加工 将挖出的块根削去两端的细枝和须根，洗净，按大小分级，块根大的对半剖开或切成厚约3厘米左右的块状，晒干或烘干。

（撰写：徐新春）

二十五、佛　手

佛手，又名佛手柑，五指柑。以果实和花入药。具舒肝理气，和胃止痛的功效。佛手除供药用外，果实还可提取香料及加工成蜜饯。在我国栽培历史悠久，尤以广东栽培的品质最优，在国内外市场享有很高的声誉。

植物形态与适生环境

佛手为芸香科常绿小乔木或大灌木。植株高2～3米，枝具刺，老枝灰绿色，幼枝略带紫红色；叶互生，有腺点，有特殊的芳香气味，叶片矩圆形或倒卵状矩圆形，叶缘具波状钝锯齿，基部圆形或楔形。花单生、簇生或数朵构成总状花序，腋生于枝梢上部；果实卵形或长圆形，有棱，顶端开裂，瓣数及长短不一，形略似拳状或手指状，故名“佛手”，表面粗糙，橙黄色。花期4～10月，盛花期3次，果期5～12月，分期成熟。

佛手为热带、亚热带植物，喜温暖湿润、阳光充足日照时间短的环境，不耐严寒。在我省主产区高要县年平均气温22 ℃，年平均降雨量为1 600毫米，生长良好；适合在含腐殖质较多的酸性壤土、砂壤土或粘壤土中生长。

佛手为栽培品种，主产于广东德庆、高要等地，称“广佛手”，产于四川者，称“川佛手”。此外，广西、浙江、安徽、云南等省区也有栽培。

栽培技术

育苗

1. 育苗地：选择排灌方便，土层深厚的砂壤土作苗床，深耕耙细，施入腐熟的有机肥、人畜粪水，作成宽1.3米的高畦（畦沟宽30厘米，深约20厘米）。

2. 育苗方法：用扦插和嫁接繁殖。

（1）扦插繁殖

插条选择和截取：插条应选7～8年生的健壮母株，剪取生长旺盛、无病虫害的老健枝条，将叶片及嫩梢剪除，截成长17～20厘米的插条。

扦插季节：2～3月及秋季8～9月均可进行。秋季扦插当年就可长根，翌年春季发芽后生长迅速；春季扦插发芽后才生根，生长较缓慢。

扦插方法：在整好的畦上开横沟，沟距22～26厘米，按4～7

厘米的株距将插条插入沟内，注意不可倒插。一般每亩约需插条12 000 ~ 15 000 根。插后覆土压紧，使先端 1 个苞芽露出土面，土干要淋水。

（2）嫁接繁殖

砧木的选择：多用香橼或柠檬作砧木，因亲和力强，故生长情况良好。砧木可用扦插苗或种子培育的实生苗，以实生苗为好，根系发达，抗逆性强。

靠接法：于 8 ~ 9 月进行。砧木选基部直径 2 ~ 3 厘米、根系发达、生长健壮的 4 ~ 5 年生植株。接时在茎基部分枝的下方切去分枝，仅留 1 个分枝，再于切去分枝部位的一边向下削去一层皮层，然后选上年春或秋季长出的枝条作插穗，其粗细与砧木相仿，接穗不离母株，在接穗下部的一边削去长 3 ~ 5 厘米的部分皮层，将切面对准砧木的切面相靠吻，使两面密合紧贴，在中部用塑料薄膜绑紧。接后约 1 周即能愈合。愈合后剪去接口以上的砧木部分及剪去接口以下的接穗，成为新的植株。

切腹接法：于 3 月上、中旬将砧木在地面以上 30 厘米处，选光滑的侧面稍带木质处削斜切面，深约 1 ~ 1. 5 厘米。接穗须留 2 ~ 3个芽，并将下端削成长 1 ~ 1. 5 厘米的楔形削面，然后将接穗切皮的一边与砧木切口的一边相对直，紧密地插入砧木的切口内，对准形成层用塑料薄膜缚扎，约两周后就愈合并抽芽生长，这时应结合松土除草并削平。45 ~ 60 天后，接株开始抽梢，此时须将包扎物除去，否则新株易长成弯曲。

3．育苗地管理

（1）遮荫：插后须搭棚遮荫，防烈日曝晒，发根后除去遮荫物。

（2）淋水防涝：要经常浇水灌溉，直至生根成活，雨水多时要及时做好排水工作，疏通沟渠，防止幼苗根系腐烂。

（3）除草施肥：畦床要及时拔除杂草，追施稀淡人畜粪水或硫酸铵 3 ~ 4 次。

（4）疏苗：待苗高 6 ~ 10 厘米时，将丛生的弱苗除去，每株留壮苗 1 根。

种植

1. 种植地：要选向阳温暖，最好三面环抱成马蹄形的地形。种植地一般用熟地，先开好四周排水沟，再整成高 30～40 厘米，宽 1.3～1.4 米的畦，在畦上挖穴，施入腐熟有机肥作基肥。

2. 种植时间：于春秋两季均可定植，但以 2～3 月气温回升，新芽即将萌发时移植较好，过早有春寒，过迟苗已萌芽，成活率低。

3. 种植密度：按株距约 3 米挖穴，若是利用田边地角零星闲地种植，可栽密些。一般每亩栽 110～120 株。

4. 种植方法：苗木高 50 厘米以上、粗壮无病虫害的为好，将分枝剪去，只留一主干，根长不要超过 20 厘米，便于种植。每穴栽苗 1 株，扶正，使须根向四周扩展，用细土培根踩实，最后覆土稍高于地面，栽种后浇水。

5. 种植地管理

（1）中耕除草：松土除草一般每月 1 次，根据佛手侧根和主根入土浅之特点，中耕不宜深挖，以免伤根。有草及时拔除，以免消耗养分。

（2）施肥：每年追肥 3 次。春肥在 2 月现蕾前，夏肥在夏至前后，肥料一般以人畜粪水与菜饼为主，每亩还可施尿素 0.25 公斤加过磷酸钙 0.5 公斤混合加水 100 倍根外施，促进树势旺盛和果实肥大。冬肥在 10～11 月佛手采收后，以菜饼、猪牛粪、过磷酸钙堆沤之后施用最好。

（3）整枝修剪：佛手无一定树型，枝梢生长杂乱，每年春季剪去枯枝、老枝、病枝、弱枝、徒长枝及过密的枝条和刺，以免耗费养料，且有利于通风透光。开花期，可将多余的花和雄花疏去，每一短枝只留 1～2 朵果花。

（4）设立支架：佛手树枝比较细弱，如结果太多，须设立柱架支撑，以免垂压弯断树干和树枝。

病虫害防治

病害 主要有炭疽病、煤烟病及自粉病。

1．炭疽病：被害叶片出现黄色小斑，后扩大成不规则大斑，略下陷，边缘黄褐色，微隆起，中间散布同心轮状排列的小黑点，后期于部分病斑处穿孔。在高温高湿季节的4月下旬开始发病，6~8月盛发。防治方法：①结合冬季修剪，清除枯枝落叶，集中烧毁；⑦发病前期喷1∶1∶150~200的波尔多液，保护新梢。

2．煤污病：又名烟霉病，佛手发病后，叶面初现煤灰色小斑点，然后逐渐扩展变为黑灰色，遮盖全叶。煤污病菌以蚧壳虫类、蚜虫等分泌物为生，常在这类害虫为害部位发生。防治方法：①注意排水修剪，使通风透光；②及时防治介壳虫；③发病期喷洒1∶1∶120的波尔多液。

3．白粉病：湿度过大时，叶被一层灰白色粉状物，严重时可出现黑点。防治方法：喷洒0.2波美石硫合剂（加1%洗衣粉）。

虫害　主要有潜叶蛾、吹绵介壳虫、红蜘蛛及金龟子类。

1．潜叶蛾：幼虫取食叶肉，形成弯曲薄膜虫道，严重时叶片卷缩，不能展开。防治方法：①每次抽新梢时喷40%乐果2 000倍液；②发生期喷90%晶体敌百虫1 000倍液。

2．吹绵介壳虫：危害枝叶，被害处形成黄斑，并引起煤污病，造成落叶、枯死。防治方法：①保护天敌瓢虫安全过冬；②在少量发生时剪除虫枝烧毁，成虫出现时，进行人工捕杀；③用40%乐果乳油1 000倍液防治。

3．红蜘蛛：一般在4~10月发生，幼苗和大树都能受害。受害叶片初呈灰白斑点，为害严重时逐渐转黄脱落。防治方法：①冬季清洁田园，拾毁枯枝落叶，减少红蜘蛛藏身之处；②在严重发生期喷克螨特2 000~3 000倍液。

4．金龟子类：幼虫在表土为害根部和苗木根茎部位，成虫食性杂，食性大，以吃食叶片，影响正常生长开花结果。防治方法：①在深翻土地时，拾捡幼虫（蛴螬），或用石灰撒入土中灭杀；②人工捕杀，用黑光灯诱杀；③用烟骨水、石蒜浸出液10公斤加人畜粪水100公斤灭杀。

采收与加工

采收 佛手果的成熟期不一致，一般从七月底或八月初陆续成熟，当果皮由绿开始变浅黄绿色时，选晴天用剪刀从果梗处剪下，到冬季采收完为止。

加工 佛手采回后，摊开晾3～4天，待水分略为蒸发，纵切成5～8毫米的薄片，及时摊晒至干，或低温烘干。以片大、厚薄均匀、肉紧密充实，白色、气味浓香者为佳。

佛手花采收加工：春花多为不孕之花，全部采下，在较冷地带，冬花幼果多被冻死，亦可采摘，立夏季节的花，只能采雄花和拾捡地上的落花，采花宜在每天早上采摘含苞欲放花，采花回后晒干或用无烟煤、炭火等炕干。佛手花以全干成朵、无霉变、有香气为合格。

（撰稿：贺红）

二十六、诃　子

诃子，原名诃黎勒，成熟果实入药。具敛肺涩肠、降火利咽的功效。干燥未成熟的幼果作西青果入药，主治风火喉痛。

植物形态与适生环境

诃子为使君子科木本植物，高 18 ~ 30 米。树皮灰黑色至灰白色，粗糙，嫩枝被绒毛，后脱落；单叶互生或近对生，嫩叶稍带红色，叶片倒卵形或长椭圆形，全缘或微波状，密被细瘤点；花小，黄色，腋生或顶生穗状花，组成圆锥花序；核果卵圆形或椭圆形，外表无毛，干后有五条棱脊。花期5～6月，果期翌年1～2月。

诃子喜温暖，但抗寒力较强。适宜生长的气候条件，年平均温度19.9～21.8℃。喜湿润，但耐旱，年降水量1 000～1 500毫米。成株喜阳，幼株喜阴。土壤要求不严格，但以疏松肥沃、湿润、排水良好的壤土为好。

诃子原产印度、马来西亚、缅甸等国，唐代传入我国。目前，云南、广东、广西、台湾等地有栽培。国产诃子完全能满足国内市场的需要。

栽培技术

育苗

1. 育苗地：宜选择有一定荫蔽条件且靠近水源的砂质壤土，拣尽石块及杂草，耕翻土壤，施足基肥，耙碎作畦，畦宽一般为1～1.3米。也可用营养器育苗。

2. 育苗方法：用种子、嫁接和根芽繁殖。

（1）种子繁殖

选种：选生长健壮、产量高、质量好，20年生以上的壮年母树作留种母株，加强管理，保证多开花结实。

采种及种子处理：一般于11月至翌年3月，采收粒大饱满、无病虫害的黄色成熟果实，除去果肉，用快刀轻轻从种壳中部斩开，取出种仁，略催芽后即播。将种子均匀地放在厚约10～15厘米的沙床上，上铺一层厚约2厘米的沙，沙上再放种仁，依次堆放5～8层。最后加盖稻草，每天淋水1～2次，保持湿润。约10～20天后发芽，发芽率可达60%～80%，出芽后及时移至苗床。如单层催芽，可待子叶展开后移至苗床。或用袋或干沙储藏。

播种期：一般随采随播。若播种季节处在低温时期，需到温度回升时才播种。

播种：待种子出芽后，移至营养容器，摆放在已整好的苗床上。若不经催芽直接播种，可在整好的畦上，按株行距 12×30 厘米开沟点播，沟深3 厘米，播后覆土，上盖稻草。培育1 年后，待苗高约1 米时即可定植。

（2）嫁接繁殖

芽接法：

砧木及芽条的选取：选择高1 米，直径1 厘米左右的1 年生实生苗作砧木。从优良品种结果盛期的果枝上，选芽饱满且未抽新芽的枝条作芽条，削取鸭舌形芽片，并小心剥去木质部。

芽接季节：最好在6～8 月，树皮易剥离时进行。

芽接方法：在砧木离地10 厘米处割开同形略大的皮层，挑开皮部，迅速将芽片贴上，用宽约2 厘米的塑料薄膜带，由下而上一环压一环地捆紧，注意不压芽头。成活后 20～30 天，解去缚扎物；7 天后，在离芽接处上方5 厘米处斜切断，低处向芽接位背面，以免雨水流向芽接位，用蜡封切口。经常抹去砧木上的芽，让营养集中供应芽接苗生长。

枝接法（又称楔接）：

砧木及接穗的选取：选3～4 年生，粗10 厘米的幼树作砧木，截面用快刀纵破 10～15 厘米深。选优良品种的枝条作接穗，粗 1.5～3 厘米，长10 厘米。

枝接季节：一般在3～4 月嫁接。

枝接方法：将接穗削成楔形（如 V 字形）插入砧木裂缝内，要紧贴，接合处用蜡把接口敷上，再用塑料薄膜包裹。约 30～40 天可愈合抽芽。

（3）根芽繁殖

根芽可发育成小苗，挖取自然萌发的根芽苗进行栽种，容易成活。

3．育苗地管理

（1）遮荫：播后立即盖草遮荫，如无荫蔽条件，需搭设荫棚遮荫，荫蔽度保持30%左右。

（2）淋水、防涝：要注意淋水，保持苗床湿润。雨季要注意排水。

（3）除草、施肥：苗期做到经常除草，一般施肥 4～5 次，第 1 次在苗高 6～10 厘米时施浓度为 1∶5 的稀人粪尿水，以后每隔 1～2 个月施肥 1 次，浓度可逐渐增加。

（4）间苗：当幼苗长出 4～5 片叶时间苗，每隔 25 厘米留苗 1 株。营养器育苗的，每营养容器内留苗 1 株。间出的幼苗带土团移植继续培育或供补苗用。

种植

1. 种植地：可选向阳的疏林山地、平原或路旁、田边、房前屋后，土壤较为肥沃疏松、湿润而又不积水的地方。整地前先清除杂草灌木，一般采用穴状整地，穴的规格为 50×50×40 厘米或 70×70×60 厘米。施沤制绿肥、火烧土或厩肥等，混土填入穴内作基肥。

2. 种植时间：在苗木落叶后，早春未抽新梢前，选阴雨天进行。

3. 种植密度：株行距 5×5 米或 6×3 米。

4. 种植方法：宜带土移栽。如裸根栽植，起苗时勿伤根系，用黄泥浆浆根，定植时注意根系舒展，覆土压实后，淋定根水。

5. 种植地管理

（1）中耕除草、施肥：结合中耕除草进行追肥。定植后前几年，春季施氮肥，秋季施绿肥、火烧土等。结果树在开花前施磷钾肥为主，如塘泥、充分腐熟的猪、牛粪、草木灰等。

（2）修枝：为使株型矮化，利于采摘果实，可通过摘心，修枝整形，促使侧枝生长，形成良好的树冠，使其枝多结果，但从基部萌发的枝条要剪除。

病虫害防治

病害

立枯病：该病可使幼苗期的茎基部变黑褐色，萎缩，甚至导致全株死亡。防治方法：①苗床可用 2% 福尔马林进行消毒；

②幼苗可用1∶1∶140倍波尔多液喷射；③发现病株，拔除烧毁，在病株穴周围撒石灰粉。

虫害　主要有棕胸金龟子、天牛、毒蛾。

1. 棕胸金龟子（中华金龟子）：是危害诃子的主要害虫之一。幼虫咬食地下根系的皮，成虫咬食诃子嫩梢和新叶，使整株秃顶或光杆。防治方法：①成虫出土活动期，采用灯光诱杀或利用其假死性，摇树进行人工捕杀；②虫害发生时，用90%固体敌百虫稀释800～1 000倍液喷杀，每隔4～5天1次，连续4～5次。

2. 天牛：主要为害树干。防治方法：①捕捉成虫，消灭虫卵；②用药棉蘸90%固体敌百虫塞于孔洞内，毒杀幼虫。

3. 毒蛾：夏季幼虫成群集结叶背面，严重时，能把整片叶肉食光。防治方法：用90%固体敌百虫稀释1 500～2 000倍喷杀。

采收与加工

采收　诃子实生苗定植后5～6年或7～8年开始开花结果。采收季节按不同用途和各地气候不同而异。

诃子：一般采果期为10月前后，分2～3批，选晴天采收黄褐色的熟果。

西青果：采摘有食指般粗细、用嘴咀嚼内核易破，无木质化的幼果。

加工

诃子：将成熟的果实采后立即放在阳光下曝晒。忌雨水淋湿，如遇雨天，可分层迭放屋内，以利通风，雨后再晒。当果肉晒至干缩起皱，摇之具响声为止。或置于沸水中，烫5分钟左右，取出晒干，晒时不要翻动，以免擦伤果皮，颜色变黑，不光润，影响质量。

西青果：将被风吹落的幼果或采摘的幼果，放入沸水内烫煮约2～3分钟，取出晒干。

（撰稿：刘军民）

二十七、灵　芝

灵芝又名灵芝草、赤芝、红芝等，商品名灵芝，以干燥的子实体和孢子入药。有补气安神，止咳平喘的功效。在我国有3 000多年的应用历史。

植物形态与适生环境

灵芝为多孔菌科的高等真菌。灵芝的菌盖木栓质，半圆形或肾形，皮壳坚硬，初黄色，渐变为红褐色，有光泽，表面具环状棱纹和辐射状皱纹，边缘薄，常稍内卷；菌盖腹面，菌肉白色至浅棕色，由无数菌管组成；菌管内有多数孢子。孢子褐色卵形。菌柄侧生，红褐色至紫褐色，有漆样光泽。

野生灵芝多腐生于栎、枫香、荷木、板栗等阔叶树枯死的树桩或朽木上。最适温度为 25 ~ 28 ℃；只要空气相对湿度保持在85% ~90% 即可正常生长。如果连续 1 ~ 2 天湿度低于 60%，鲜嫩的子实体就会失水而且生长迟缓或老化；灵芝对空气中的 CO_2、特别敏感，不良的通风环境影响正常生长；灵芝趋光性明显，子实体朝向光强的一面生长。

灵芝世界各地均有分布，野生灵芝多分布在热带及亚热带地区。过去多为野生，自从上世纪70年代开始将灵芝作为药材进行人工栽培后，现多进行人工栽培，以满足市场的需要。

栽培技术

灵芝的栽培方法有人工野外仿野生栽培法和室内栽培法。野外主要有露地段木栽培，室内采用袋料的瓶装、袋装和大规模的工厂化深层培养等。

1．菌种

（1）菌种的来源及繁殖方法：栽培灵芝的菌种一方面可向有关单位或菌种厂购取，另一方面是自己分离培养。目前灵芝菌种分离大都是采用组织分离，其方法是将野生的新鲜灵芝采回，取其菌盖或菌柄组织，用75%的酒精对其进行表面消毒，用无菌操作把它切割为3平方毫米大小的块，分别置于平板培养基上，每皿4~5块，在25~28 ℃培养2天后即可发现组织块周围有白色菌丝长出，即把菌丝移植到斜面试管培养基上，再于25~28 ℃下培养5天左右，斜面上基本布满白色菌丝即得灵芝母种。

常用培养基配方为：马铃薯400克（切碎煮沸半小时去渣）、蔗糖40克、磷酸二氢钾6克、硫酸镁3克、维生素$B_1$20毫克、琼脂40克，加水至1 000毫升。

（2）菌种保存：将灵芝菌种，用石腊油、胶塞斜面及磷酸缓冲液四种方法在常温下保藏，可存活3年。

2．栽培方法

（1）瓶栽：一般用750毫升广口瓶作培养瓶。

培养料的制备：主要成分是锯木屑和麦麸，比例是3∶1。木屑通常为壳斗科植物以及阔叶树的木屑。加适量水，混匀，用手紧握至指缝间有水而不滴下为度，水分过多过少都不利于菌丝的发育和子实体的形成。

装瓶：配好的培养料立即装入瓶内压实，装至距瓶口约4~6厘米为合适，然后用直径约1厘米的玻璃棒在瓶中央从上至下扎一小洞，以便于菌丝的繁殖蔓延，瓶口用两层沙布夹1厘米左右厚的棉花塞上，包上防潮纸，在15磅高压下灭菌1小时，灭菌后待温度降至 30 ℃左右时，移入无菌室进行接种。

接种：在无菌条件下，取出斜面菌种，用接种针挑取一块菌丝（约指甲般大小），打开广口瓶的棉塞，将菌丝体置于木屑培养基中的小洞处，再塞上棉塞。转移到培养室进行培养。

培养及管理：一般以培养室内的温度为 26～28 ℃最合适。接种后不久，瓶内菌丝开始生长蔓延，在适宜条件下约 7～10 天即可覆盖培养基表面。待瓶内菌丝长到一定程度时，在其上部有芝蕾或子实体原基出现时，拔掉棉塞，让其向瓶口外生长。若条件适宜 20 天左右可长出瓶口，这时突起物向上伸长成菌柄，菌柄上再长出菌盖，成熟时孢子可由菌盖下散发出来。

（2）塑料袋栽培：

塑料袋规格：采用 15～18×30～35 厘米的聚丙烯塑料袋。装袋、灭菌和接种：将拌好的培养料检查含水量和酸碱度后，即均匀装袋至袋长的 3/5，并将一头扎紧，另一端加上竹颈圈，用木棒打一个洞孔，再用牛皮纸扎好袋口，进行灭菌。灭菌后温度降至 30 ℃以下时，即移入无菌室进行无菌接种，最后转至培养室培养。

培养及管理：同瓶栽法。

（3）露地栽种：选树荫下阳畦，将长满菌丝，脱去塑料薄膜的菌丝块，依次铺排畦中，块间稍有空隙，填入富含有机质的干净土。灌水，保持畦棚内相对湿度为 75%～85%，一般 1 周可出现芝蕾，2 月后可采收子实体。

（4）段木栽培

栽培工艺流程（附图）

母种培养　　　　树种选择　　　　场地选择
　↓　　　　　　　↓　　　　　　　↓
　↓　　　　　　砍　伐　　　　　搭荫棚
原种培养　　　　　↓　　　　　　　↓
　↓　　　　　　包装灭菌　　　　　作　畦
　↓　　　　　　　↓　　　　　　　↓
接种培养基——→接种→菌材培养→菌材埋土→出芝管理→采收

菌种培养：将保藏的母种从冰箱中取出，放入恒温箱 1～2 天，经复壮活化培养后，选择生长旺盛的菌丝体接进试管培养基，在 24～26 ℃培养 5～6 天，菌丝长满斜面后，将前缘的菌丝体带部分培养基转入广口瓶原种培养基，在 24～28 ℃培养20～30 天，取带原种的培养基约蚕豆大的一块菌丝体团，接种于塑料袋栽培种培养基，放在 22～25 ℃室内培养，约 30 天左右可接种到段木上培养。

菌材砍伐和接种：选好菌材树种后，在树液流动前砍伐。直径从 5～20 厘米均可。截取长度 18 厘米为一段，用塑料袋包装，经过高压灭菌。取栽培种一小块接入菌材，放在洁净房内进行暗培养，前期室温为 24～26 ℃，后期室温为 22～24 ℃，室内空气相对湿度为 60%～70%，保持空气流动。培养 40 天左右，长满菌丝体后，移出室外埋土。

栽培场地选择、搭棚、作畦：选择排水良好，通风透光的砂质壤土建场。搭设荫棚，上盖塑料布，加盖遮荫网，以三分阳七分阴为好，光线亮度均匀。畦东西走向，畦宽 1.3 米，长 13 米，高 30 厘米，畦间留步道。进行土壤消毒。

菌材埋土：当菌材出现少数原基，气温回升到 15 ℃以上时，将菌材从袋中取出直立排于已整好的畦上，接种面朝上，菌材间距为 4～6 厘米，菌材上面平齐，用细土填满菌材间隙，上端覆土约 2 厘米。在正常管理条件下，50～60 天可收获子实体，并可连续收获多批。

病虫害防治

病害

1．青霉菌：斜面菌种、灵芝瓶内菌丝、子实体菌柄生长点及圜盖下的多孔组织均可被感染。防治方法：①首先要用纯菌种来接种；②培养基高压灭菌要彻底；③在发现霉菌感染时要及时加强通风换气，并在不影响灵芝生长条件下降低相对湿度；④感染严重的应及时淘汰并消毒，或移至室外，或以消过毒的刀片挖除杂菌后，用沾有 75% 酒精的脱脂棉填入空穴内消毒；⑤培养室内用5%新洁尔灭1 000 倍液喷雾灭菌。

2．毛霉和根霉菌：常感染袋培、瓶培初期的菌丝。在高温高湿季节，瓶塞潮湿，无菌操作不严时常会出现，防治方法参照上述青霉菌的防治。

虫害 主要有蕈蚊及尖眼蕈蚊。

钻食幼小菌蕾、菌柄、初生菌盖。防治方法：可在室内悬挂沾有敌百虫的布条或地面喷药。

采收与加工

采收 当菌盖边缘不再出现白色生长线，颜色呈赤褐色时即可采收。由菌柄基部留 2 厘米处剪断，取出子实体。孢子粉用套袋法收集。

加工 将采回的子实体，按商品规格要求分级，并剪除过长的菌柄，收集的孢子粉，晒干或烘干。

（撰稿：丁平）

二十八、罗 汉 果

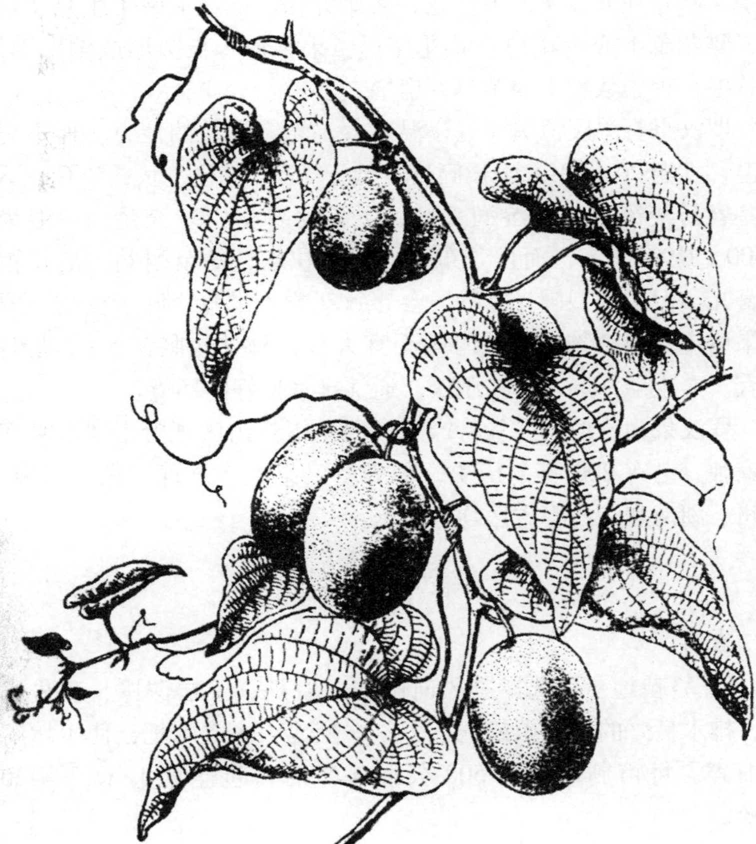

罗汉果，又名拉江果、假苦瓜、白毛果、长滩果等。以果实入药。是一种弛名国内外的名贵药材。具有清热润肺，滑肠通便之功效。罗汉果除国内药用外，每年均大量出口创汇，成为传统的出口药材，远销港澳、东南亚和日本、加拿大、美国等地。

植物形态与适生环境

罗汉果是葫芦科多年生宿根攀援性藤本植物。块茎肥大，嫩茎被白色柔毛和红色腺毛，茎暗紫色，具纵棱；单叶互生，叶柄长；卵形，先端尖或渐尖，基部心形，两面密布红色或黑色疣状腺鳞，叶卷须分2叉；单性花，雌雄异株，雄花成腋生生总状花序，雌花单生或少花短总状花序；瓠果圆形，长圆形或倒卵形，被茸毛；种子数粒，淡黄色，扁平。

罗汉果喜温暖凉爽、昼夜温差大、无霜期长的地方，但不耐高温，气温20~30 ℃生长旺盛，低于15 ℃停止生长，5 ℃以下块茎容易受冻害；喜湿润多雾，生长期要求雨量充足，一般为1 300~1 900毫米，而且分布均匀，忌积水；幼苗耐荫，成年植株喜光，但受强烈阳光曝晒，会导致花粉不发育，叶子受灼，罗汉果属短日照植物，目照时间不宜太长，每日光照在5~7小时为宜。喜土层深厚，疏松肥沃，通气排水良好的环境。

罗汉果为广西的名贵特产。广西永福县山区把野生罗汉果变为家种，已有200年的历史，称为罗汉果之乡。现广东、云南、贵州、湖南和江西等省区均有栽培。

栽培技术

育苗

1. 育苗地：宜选择避风向阳的新荒地，土层深厚，疏松肥沃，排水良好的砂壤土或壤土。冬季翻地，多次犁耙，使土壤疏松细碎，每亩施厩肥2 500公斤作基肥。起畦宽1米，高20厘米。

2. 育苗方法：用压蔓和种子繁殖。

（1）压蔓繁殖

压蔓苗选择：选择高产单株，作为压蔓留种母株。这些单株不让其上棚结果，当块茎长出的藤蔓后，选择生长粗壮、节间短、叶片浓绿稀疏、无病虫害，具顶芽并微显粗大的作繁殖材料。

压蔓时间：一般在7～9月，雨后晴天或阴天进行。

压蔓方法：在选好的种蔓地附近挖一小穴。深、宽各15～20厘米，长度不定。将顶端长约10厘米、具2节的3～4条种蔓弯压于穴内，蔓间要留一定距离，防止重叠，用细土覆盖，稍加压实，生长点要露出地面。约经7～10天，蔓节开始生根，藤蔓增粗，30～40天膨大形成小块茎，即为种薯。

（2）种子繁殖

选种：选择生长健壮、品质优良、丰产的单株作为采种母株。

采种与种子处理：当果实充分成熟时，将果实采下，选无病虫害的果实，取出种子。因种壳木质化，透水性能较差，会影响种子的萌发，可将种子去壳，然后用托布津500倍液消毒10分钟，水洗后在25～28℃条件下催芽，种仁萌动时再播种。

播种期：在3～4月，当温度20℃以上时即可播种。

播种方法：可点播或条播。条播按行距20～25厘米开沟，沟深1～2厘米。点播按株行距10×20厘米开穴，穴深1～2厘米。播后用细土覆盖，再用稻草覆盖畦面，以保持土壤湿润。当年形成小块茎，翌年将块茎进行定植。

此外，为了解决雄株不足，培育良种，提纯复壮，还可采用嫁接繁殖。

3．育苗地管理

（1）遮荫：需要搭棚遮荫。

（2）淋水施肥：干旱注意淋水，保持土壤湿润，雨水多时，也要注意排水。苗期可施氮肥。

（3）种薯过冬：当块茎形成后，可在压蔓部位培土15～20厘米，让其在原地过冬；有霜冻的地区也可挖出块茎，挖坑进行收藏，分层置于坑内，每层块茎上面需盖一层细土，最后一层，上盖15～20厘米，堆成半圆形。堆的周围开排水沟，防止雨水浸入坑内，造成块茎腐烂。

种植

1．种植地：宜选择海拔300～500米的森林山地，避风向阳的新荒地，土层深厚，疏松肥沃，排水良好的砂壤土或壤土，忌连作。全垦或带垦，翻耕 30～60 厘米。山坡地要做成梯形畦后再开穴，穴内施基肥与土拌匀。

2. 种植时间：3～4 月，气温回升并稳定在 15～20 ℃时，选择暖和的晴天进行。

3. 种植密度：株行距为 1.7×2.0 米。

4. 种植方法：先取出块茎，选择健壮，色泽新鲜，顶芽完好，无损伤和无病虫害者作种。栽时将块茎平放，项芽朝上，覆土 3～6 厘米，要使顶芽露出。如遇大雨将覆土冲走时，应及时覆土，以免块茎受旱。注意，100 株雌株需配 3～5 株雄株。

5. 种植地管理

（1）搭棚（架）：罗汉果生长期间需攀援在棚架上才能正常开花结实。种后搭棚，一般用竹木作支架，棚高 1.5～1.7 米，棚顶铺放小竹子或树枝，然后在株旁插一条小竹子，以便茎蔓往上攀援生长。

（2）除草施肥：每年进行多次除草施肥。在块茎萌芽时，去除冬季覆盖的泥土和盖草，在距块茎 15～30 厘米处开沟或小穴施第 1 次肥，每亩施稀薄人粪尿 1 000 公斤，尿素 2.5 公斤，以促萌芽发苗；当蔓长到 1 米以上时施第 2 次肥，每亩用猪牛粪 1 500 公斤，过磷酸钙 15～20 公斤混合沤制腐熟后施下，以培育壮蔓登棚；现蕾初花期施第 3 次肥，每亩施沤制的干肥 1 000 公斤和沤制的桐油麸水 2.5 公斤（干桐麸 0.5 公斤，加水 2 公斤），以促花多及提高座果率；幼果形成后施第 4 次肥，每亩施干肥（腐熟牛栏粪与磷钾肥）1 000～2 000 公斤，以减少落果。收果后全面施 1 次过冬肥。雄株以施腐熟猪粪为主，适当使用磷钾肥和人粪尿。

（3）排灌：罗汉果在萌芽期、藤蔓迅速生长期、开花结果期若遇天旱，要及时灌溉。雨季特别是平地栽培，要注意开好排水沟，以排除积水，防止烂根。

（4）留壮摘侧：当新芽萌发，苗高 15～20 厘米时，要去除部分弱苗；待苗高 40 厘米时定苗，每块茎留 1 条最壮的苗；当苗高60厘米左右时，开始由叶腋抽生侧蔓，为集中养分让主蔓尽快上棚，应将棚架以下侧芽及时摘除，待其长上棚后停止摘侧芽。视藤蔓生长情况摘主芽，促发花枝生长，多开花结果。夏秋生长季节，藤叶过密的可适当摘除重叠老叶，以利通风透光，便于开花及授粉。

（5）人工授粉：罗汉果雄花花粉具有黏性，风、虫授粉困难，需辅以人工授粉。授粉时间应选晴天，从早晨开始直至中午前结束。授粉方法可用削扁的细竹签刮取花粉，轻轻点入雌花的柱头上，授粉时切勿碰伤花器。要随开花随授粉，每朵雄花可授5~8朵雌花，多者可授10~15朵。

（6）防寒越冬：罗汉果以块茎越冬。在冷凉地区，常引起块茎冻伤、腐烂。在立冬前后，将主蔓在离地面30厘米处剪断，轻轻压至地面，连同块茎一起培土防寒。培土厚15~20厘米，再在上面盖一层稻草。

病虫害防治

病害　主要有病毒病、线虫病和腐烂病。

1. 病毒病：感病植株叶片变小，皱缩变厚、畸形、花叶。在低丘陵或平原新区比山区更为严重。防治方法：①加强水肥管理；②收果后将其带病块茎和藤蔓烧毁，以免传染扩散。

2. 线虫病：植株被根结线虫寄生后，产生一系列特殊症状：根膨大呈球状、棒状、念珠状，形成大小不一的根结（虫瘿）。块茎表面产生肿瘤状突起，容易导致腐烂死亡。防治方法：①通过清洁果园，去除病薯，并将烂薯残根集中烧毁；②发病果园可用3%呋喃丹颗粒剂，按15~20厘米间隔开沟施药覆土，每亩用药量4~5公斤。有的产区采用桐油、石灰防治；③严重病株，要先把虫瘿削除后，再在周围开环状沟施药。

3. 块茎腐烂病：此病是由一种象“红膜”的真菌引起。防治方法：①将块茎挖起刮去“红膜”，用清水洗净，再用25%，可湿性粉锈宁粉剂稀释500~1 000倍后喷洒消毒；②在多雨季节及时扒开块茎周围土壤，让块茎暴露干燥老化，也可减少腐烂病发生或延缓腐烂。

虫害 主要有果实蝇。

果实蝇：成虫产卵于幼果内，幼虫孵化后在果内蛀食危害，使被害果停止生长，未老先黄，腐烂而脱落。防治方法：①摘除被害果集中烧毁；②冬季清洁田园，并可用福尔马林处理土壤消灭越冬蛹；③在成虫羽化期．可用40%乐果乳油稀释1 000～3 000倍液喷杀。

采收与加工

采收 罗汉果开花时间不一，果实成熟时间差别较大，因此要分批采集，一般在8～10月间，当果实由浅绿色变为老青色或具有微黄色的斑块，果柄枯黄、果皮青硬即可采收。选晴天采摘，早晨露水未干和雨天不宜采摘。采收时可用剪刀将果实剪下，削平果柄和果蒂，以免互相刺伤果皮。刚收的果实水气大，应排放在楼板或竹垫上，不可铺放过厚。每隔2～3天应翻动1次，待果皮转黄时（7～15天），即可干燥。

加工 罗汉果的干燥多用烘烤的方法，将经过摊晾的果实，按大、中、小分级，装入烘箱内，放在烘炉上，烤果的温度要求两头低，中间高，即开始1～2天控制在45～50 ℃，第3～4天温度逐步升高，到60～70 ℃，第5～6天后控制在60 ℃以下。整个烤果过程，不能用明火，火势要平稳，温度不能忽高忽低，更不能中途停火。烘烤期间不宜随便打开气窗，以免罗汉果突然受冷，造成破果和斑点果。烤果过程中，果实发出爆声，应立即降低温度，每天早晚都应上下翻动一次，使受热均匀，尤其在后期，更要勤翻动，以免烤焦。当用手指轻轻弹敲果实有响声即为干燥。烘干的罗汉果刷去果皮绒毛，即为正品。

（撰稿：贺红）

二十九、使君子

使君子，别名留求子、君子、四君子，商品名使君子。以果实及种子入药，是中医常用的驱虫药物。具有杀虫、消积的功效。用药历史悠久，是传统出口药材，多销于香港、新加波、印度尼西亚等地。

植物形态与适生环境

使君子是使君子科常绿或落叶藤状灌木。藤长 2 ~ 7 米；叶对生，长圆形或椭圆状披针形，叶基楔形或近心形，全缘；穗状花序，顶生，花初期为白色，后期变紫红色，有芳香味；果实橄榄形，黑褐色或棕色，具五棱；种子 1 枚。广东花期 2 ~ 3 月，果熟期 8 ~ 10 月；四川花期 5 ~ 10 月，果熟期 10 ~ 12 月。

使君子适宜生长于热带、亚热带地区栽培，要求年平均气温 17 ℃以上，年平均降水量 1 000 毫米以上的地区。在有霜雪的情况下，会受冻害，冬季零下 3 ℃时，植株上部受冻害，叶片全部冻死。植株生长发育要求湿润的条件，干燥条件种子不能出苗，植株生长不良。对光照的适应辐度较大，但以向阳背风的地方为好，荫蔽条件下生长迟缓，开花结实少。对土壤要求不严，以黑色或黄色中等肥沃的砂壤为宜，过分肥沃会使枝叶徒长，结果少。

使君子原产印度。我国长江以南有分布，但以广东、广西最常见。

栽培技术

育苗

1. 育亩地：选向阳背风的砂质地，深翻土壤，深 25 厘米，碎细整平，作畦，宽 1 ~ 1. 3 米，高 25 厘米，畦距 20 厘米。

2. 育亩方法

(1) 种子育亩

选种：选成熟饱满、抗逆性强、无病虫害的母株作种，凡隔年或经烘、炕过的均不宜作种。

采种及种子处理：采摘成熟果实，趋鲜播种，如在第二年春播，可将种子埋入带湿润的细沙中贮藏。由于果实外壳坚硬，水分不易透入，在播种时要进行处理，将果实的尖端弄破或用剪刀剪去果尖，但勿伤种子为度，用 40 ~ 50 ℃温水浸泡 1 天。

播种期：秋季 8 ~ 10 月采种后随即播种，或第 2 年春季 3 ~ 4月。

播种方法：按 10 × 20 厘米株行距开沟条播或点播，将种子播入沟中，然后用淘净的湿润河沙或谷壳覆盖。播种时用厩肥或堆肥和泥作底肥。

（2）扦插育亩

材料选取：选择健壮、无病虫害的枝条和根，分长枝和短枝扦插，长枝扦插，宜剪取1~2年生枝条，长约2米一段，将下部盘成小圆圈；短枝扦插，选结果多的幼年植株上枝条，剪成20~25厘米一段。根扦插苗，剪成12~15厘米一段。

扦插时间：每年3~4月或9~10月，随剪随插。

扦插方法：短枝扦插，在整好的苗床上，按行距15厘米开沟，斜插在沟内，覆土，插条露出土面1/3。长枝种植时，将盘成的小圆圈放入穴内，露出先端部分，覆土压实，盖上稻草或茅草。根插法则按株行距6×30厘米，将根段斜插入畦土中，上端稍外露，插后覆上稻草，经常浇水，保持土壤湿润，苗木成活率高。

（3）分株育亩

分株季节：冬季10或春季3月。

分蔸方法：选择健壮母株所生的萌蘖条连根挖出，修去大部分枝叶，连根移植在穴内，压实，浇定根水。

3. 育苗地管理

（1）遮荫：育苗初期，适当遮荫，促进生根。

（2）淋水：播后经常淋水，保持土壤湿润。

（3）除草松土：及时除去杂草，疏松土壤。

（4）施肥：整地作畦时，先用厩肥、堆肥作种肥。出苗后适当施一次稀薄的人粪尿。

种植

1. 种植地：选择海拔300米以下的山地、平地或林缘处，四周有阔叶林环绕，向阳背风的地段。全垦或带垦整地，翻土25~30厘米，按株行距开穴，穴的规格为60×60×50厘米，穴内施入火烧土、腐熟的农家肥。

2. 种植时间：灌溉条件好的地方在2月下旬，灌溉差的地方在雨季初期阴天或小雨天时进行，当播种苗高30厘米，扦插苗生长1年后即可移植。

3. 种植密度：株行距4×5厘米。

4．种植方法：种植前除去杂草，疏松土壤。挖取新生苗，根部稍带泥土，根系过长者可适当修剪，随即种植于穴内，逐层覆土压实，表层盖上疏松细土，浇定根水。迟种的苗木可用潮湿苔藓覆盖。

5．种植地管理

（1）中耕除草：随时清除杂草，在新芽萌动时和开花前各中耕1次，霜降之后，在植株基部培土，并覆盖稻草。

（2）施肥：结合中耕，施以稀粪水，每株10～20公斤，在植株周围开沟环施，施后覆土。

（3）修枝：冬季或早春第1次中耕除草前，修去枯死枝、病虫枝、过密枝。使通风透光良好，保证正常开花结果。

（4）搭棚架：成片种植应在苗木长至1.5～2米时，搭设棚架牵引藤蔓上架；栽于房前屋后者可引藤上墙或其他攀附物上，但不宜牵引上树。

病虫害防治

病害　病害很少，一般不需防治。

虫害　主要有毛虫。

毛虫：幼虫危害叶片，常吐丝缀连2～3叶或潜藏在卷叶内食害，使受害叶片不全，或仅剩叶脉，严重时将全部叶片吃光。防治方法：①利用幼虫群集危害，剪除有虫群栖息的树叶；②利用其受惊吐丝下垂的习性，震落幼虫，当即踏死；③在幼虫发生期，用90%敌百虫稀释1 000倍液喷杀；④在成虫发生期，用糖醋液诱杀。

采收与加工

采收　每年8～10月间，当使君子外形变得饱满，外壳由绿转棕褐或黑褐色时，即已成熟，可采收。用竹杆打下，或架梯采摘。

加工　将收集的果实晒干，或用无烟煤微火炕干，炕至可摇出声响时（干度为90%）即得成品使君子。君米则应将已干的使君子外壳敲破，筛去壳渣，再用微火烘至能搓去外皮时即可。一般每株可收获10～30公斤干果。

（撰稿：徐新春）

三十、降香檀（降香）

降香檀的树干和根的干燥心材供药用，为常用中药降香。有行气活血、止痛、止血的功效。木材经蒸馏所得的降香油，可作香料上的定香剂。过去我国药用降香主要为进口，20 世纪 50 年代以后，开发了降香檀资源，商品称海南降香，达到全国自给，质量并不逊于进口降香。

植物形态与适生环境

降香檀为豆科半落叶性乔木，高 10～15 米，胸径可达 80 厘米。茎枝褐色，小枝有白色皮孔，幼枝略被毛；叶为奇数羽状复叶，有小叶 7～11 枚，小叶上面无毛，背面被毛；圆锥花序，腋生，密集于分枝之项；荚果不开裂，矩圆形，成熟时不脱落，干燥时呈褐色；种子 1 粒，肾形，扁平。花期 6～7 月，果熟期 12 月（海南岛）。

降香檀有喜温暖、耐寒、耐旱、忌积水、抗瘠的特性，为适应性较强的阳性树种。适宜生长的气候条件，年平均气温 23～25 ℃，能耐 0 ℃的低温，苗期越冬普遍枯梢，但可以萌芽恢复正常生长。主要分布于年降雨量 1 200～1 600 毫米地区。幼苗、幼树在过度荫蔽的情况下，生势衰弱，在全光下生长正常。对土壤要求不严，自然生长在山脊和坡度陡峭、岩石裸露的贫瘠干旱地带。

降香檀为我国海南岛的特有经济树种，广东、广西、福建等省区相继引种栽培。

栽培技术

育苗

1. 育苗地：选择排水良好的砂质壤土、砂壤土作圃地为宜。应整平、整细、不积水。

2. 育苗方法：主要有种子、扦插繁殖。

（1）种子繁殖

选种：选择 15 年生以上，干形高大，比较通直、生长健壮、发育正常、无病虫害的植株作采种母树。有大小年分之别，最好选择阳光充足的林缘木。

采种及种子处理：当荚果由黄绿色渐变为黄褐色时，即为成熟。剪下带果的细小枝条，摘取荚果，充分晒干，搓揉，去掉翅状的果荚边缘，得带部分果荚的种子。若留种备用，将种子与草木灰以 3:1 混合，贮藏于密封的盛器中，1 年内能保持 80% 的发芽率。

播种期：一般在2～3月。

播种方法：播种前用60 ℃的温水浸种24小时，捞起种子均匀撒播在床面上，然后覆土、盖草，保持床面湿润。播后10天开始发芽，15天发芽结束。不经温水浸种处理，播后20天左右才开始发芽，30天发芽完毕。新鲜饱满的种子发芽率达60%～90%。

由于苗木生长迅速，若培育大苗造林，要进行分床。当子叶转绿，开始长出真叶时进行，分床后半个月长新根，约1个月抽梢生长。

（2）扦插繁殖

插条选择和截取：用1～1.5年生苗木切干剩下的主干木质部分，或粗为0.5～1厘米的侧枝，截成约15厘米长的枝条作插条。

扦插季节：春季3～4月进行。

扦插方法：扦插后约半个月开始发芽，约1个月根系长出，萌条高约10厘米时选留1条。

在扦插前若用40 ppm α－萘乙酸浸切口12小时，可提高成活率，且新根系特别发达。插条苗培育8个月，高达90厘米，粗约1.3厘米，侧根4～5条，可定植。

3. 育苗地管理

（1）施肥：当分床苗长出新根和抽新梢后，应勤施薄施氮肥，随着苗木生长的逐渐加快，要及时供给足够的水肥，以加速苗木的健壮生长，提高出苗率。

（2）遮荫：扦插后要注意荫蔽，20厘米高时即拆除荫蔽物。

种植

1. 种植地：选择荒山荒地和采伐迹地的阳坡、半阳坡或疏林灌木草地，采用带状开垦，或将种植地的所有灌木杂树砍除后挖穴，穴的规格为50×50×40厘米。坡度大于25度的应开等高种植带，以防雨水冲刷。

2. 种植时间：在多雨季节种植最好。

3. 种植密度：水肥条件较好的，株行距为2×3米，或3×3米；干旱瘠薄地方，株行距为1.5×2米，或2×2米。

4. 种植方法

小苗定植：当苗高约30厘米，或半年生容器苗高80厘米以上，基径1~1.5厘米时进行。但裸根全苗移栽成活率和保存率均低。

大田切干移栽：多采用1年生或1年半生苗低切干移栽，即在起苗前1星期，先在苗圃地，距根际上部5~8厘米处剪去主干，起苗后适当修剪根系，垂直根保留20厘米左右，根幅25~30厘米，并用黄泥浆浆根。注意勿将苗干及切口沾上泥浆。定植深度以苗干露出土面1厘米为宜。

5. 种植地管理

(1) 除杂、松土、施肥：定植初期应加强砍杂、除蔓、松土、扩穴、施肥等管理工作，每年2~3次。以后主干挺直，生长速度渐快时，加强松土、施肥，使其早日成林。

(2) 间种：间种木茨等高秆作物，可促进干形通直，生长迅速。

(3) 修枝、抹芽：降香分叉较低，侧枝粗壮，萌芽较多，要注意修枝和抹芽，培育优良干形。用低切干造林的，还要在头年冬季和第2年抚育时选留好萌芽条。

病虫害防治

病害 主要有黑痣病和炭疽病。

1. 黑痣病：该病在苗木和幼树均有发生，一般为害叶片、小枝和果荚等。发病初期先在叶片上产生褪色小斑点，逐渐扩大汇合，变黑色，严重时连成一片，几乎覆盖整个叶面，造成叶片枯黄，早期落叶。防治方法：在新叶抽出开放后，喷1∶1∶100倍的波尔多液，每隔半月1次，连续2~3次。

2. 炭疽病：该病在苗木及幼树均可感染，常侵害叶片，严重时也为害嫩枝。防治方法：①发病初期用1∶1∶100倍的波尔多液喷洒，每隔半月喷1次，连续2~3次；②秋冬季节或起苗前彻底剪除和收集枯枝病叶烧毁。

虫害 主要有瘤胸天牛和伪尺蠖。

1. 瘤胸天牛：此虫为害幼树，严重者为害率可达70%~

80%，为害后造成风倒或枯死。成虫还取食嫩枝、嫩叶、树皮。防治方法：①捕杀成虫，卵或幼虫初期容易发现，也可人工捕杀；②用90%固体敌百虫800倍液注入虫孔，然后用泥围封孔口毒杀。

2. 伪尺蠖：4月上旬成虫产卵于叶片上，5月中旬是幼虫为害嫩叶盛期。防治方法：用敌百虫稀释1 000倍液喷洒。

采收与加工

采收 全年均可采收，把树干砍伐后，剥去边材，锯成长约50厘米的短段。近年来，为保护降香资源，多为收集制造木器所剩下的边角料，以及挖取伐木后留下的树头和树根。

加工 将心材劈成小块，阴干，或取作木材用剩余的碎料。

（撰稿：刘军民）

三十一、草果

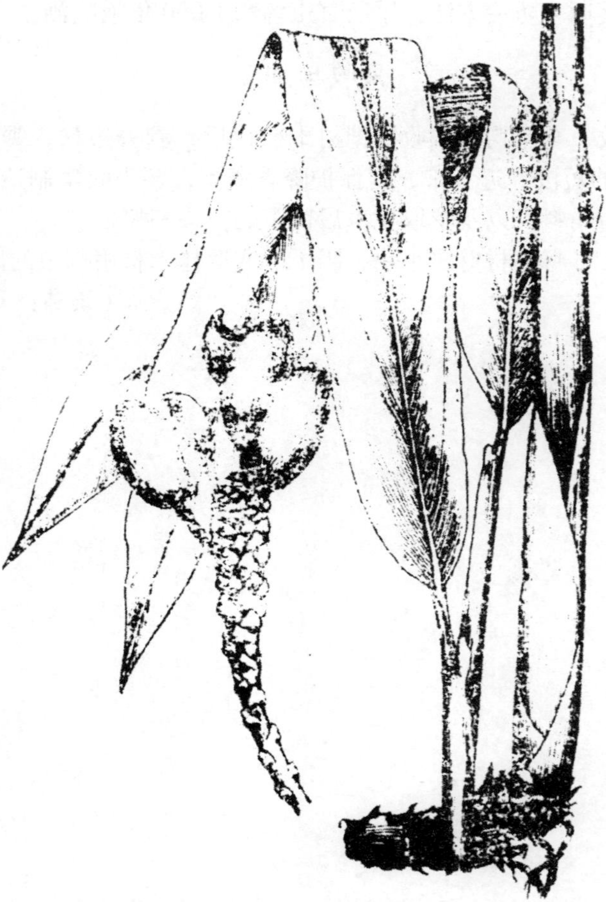

草果，别名草果仁、草果子，商品名为草果，以干燥成熟果实入药，是一种药食兼用的常用药材。具有燥湿温中、除痰截疟的功效。国内除依靠采收野生资源外，目前仍需从国外进口。

植物形态与适生环境

草果为姜科多年生草本植物。植株高2～2.5米，根状茎横走，粗壮有节，地上茎直立，丛生。叶排成两列，叶片长椭圆形或狭长圆形，先端渐尖，基部渐狭，全缘，叶两面光滑无毛，叶鞘开放，包茎，叶舌长0.8～1.2厘米；穗状花序从根茎抽出，每一花序有5～30朵花，花黄或红色；蒴果密集，长圆形或卵状椭圆形，顶端有宿存的花柱，熟时红色，外表面具有不规则皱纹，内有多角形种子。花期4～5月，果期6～11月。

草果喜温暖而阴凉的山区气候环境。以年平均气温18～20℃为适宜，在绝对低温为1℃时，不出现冻害现象；喜湿润，怕干旱，开花季节如雨量适中，则结果多，保果率高，若雨量过多，会造成烂花不结果，若开花季节遇上天旱，花多数干枯而不能座果；草果是阴生植物，不耐强烈日光照射，喜有树木庇荫的环境，一般荫蔽度50%～60%为宜；土壤则以山谷疏林阴湿处，腐殖质丰富，质地疏松的微酸性沃土为宜。

草果主要分布在越南。我国产于广西、云南省。

栽培技术

育苗

1. 育苗地：选择种植地附近，林木稀少，靠近水源，土壤肥沃，排水良好的地段作苗圃地。翻耕土壤，打碎土块，施腐熟干猪牛粪、火烧土和过磷酸钙混合肥作基肥，每亩2 500～3 000公斤。平整后作畦，畦宽1～1.3米。

2. 育苗方法用种子和分株繁殖。

(1) 种子繁殖

选种：选择果粒大，种子饱满，无病虫害的高产植株作采种植株。

采种及种子处理：当果皮紫红色，种子呈银灰色，嚼之有甜味的果实时采摘，然后选出饱满、充分成熟、无病虫害的果实作种，宜随采随播。播种前先将果皮剥掉，洗净果肉，用清水浸种10～12小时，后用粗沙与种子置于竹箕充分搓擦，以擦掉假种皮为度。或将种子用30%的草木灰拌和，用手将种子搓散，除去表面胶质层，然后播种或晾干保存至翌年春季播种。

播种期：随采随播，春秋均可，以秋播较好。春播要在气温回升到18 ℃以上时进行，秋播月平均气温在18～20 ℃以上，一个月时间，种子大量发芽出土，播后40～50天发芽率可达80%以上，12月至翌年2月发芽率可达90%以上。

播种方法：播种时在畦上以行距15～20厘米开沟，按株距约6厘米放种，播种深度1.5～2厘米，播后覆土并盖草淋水。育苗半年后即可定植。

（2）分株繁殖：在春季新芽开始萌发，尚未出土前，从母株丛中选取1年生健壮的分株，剪去下部叶片，留上部叶片2～3片，以减少水分蒸发。将带芽根茎挖起，截长约7～10厘米，截断后栽植。按株行距1.3×1.7米开穴，植穴规格为50×50×40厘米，每穴栽1丛，覆土压实，淋足定根水。

3. 育苗地管理

（1）遮荫：出苗后立即揭草，若荫蔽度不够可搭设简易荫棚遮荫。

（2）施肥：幼苗出土后，注意追施草木灰，以促进幼苗生长，入冬前结合培土施腐熟的猪牛粪，提高幼苗抗寒力，施肥不应集中在萌发幼芽的部位，以免损伤嫩芽。

（3）淋水：随时注意浇水，以保持湿润。

（4）除草：随时清理落叶，拔除杂草。

种植

1. 种植地：宜选择山谷坡地、溪边或疏林下，土壤富含腐殖质，质地疏松的砂质壤土，贫瘠土和重黏土不宜栽种。在选好的林地上，要清理杂草和灌木，过密的乔木也应疏伐，调节荫蔽度为50%～60%，翻土深20～27厘米。起畦宽1.2～1.5米，高20厘米，畦内按株行距挖穴，穴的规格为40×40×30厘米，穴内施堆肥、厩肥和火烧土等作基肥，与表土拌匀后待值。

2. 种植时间：宜在4月上旬的阴雨天或小雨天进行。

3. 种植密度：若栽种半年生幼苗，株行距0.8×1米；若栽种1～2年生苗，株行距2×2.5米。

4. 种植方法：每穴栽苗 1~2 株。在坡度大的山地栽种，栽时芽头靠上坡，以免风吹折断。栽种后盖上肥沃细土 6 厘米，将土压实，但不要踏伤老根，以免造成死株。定植后，如遇天旱，应及时浇水。

有的产区采用直播，在整好的畦上，按株距 1.2 米挖穴，每穴播种子 3~4 粒，出苗后间去弱苗，每穴最后保留壮苗 1 株。

5. 种植地管理

（1）中耕除草：种植后每年 4~6 月间，中耕除草各 1 次，在最后 1 次除草时，割除结果后枯死的老株、病株。

（2）追肥：有条件的产区每年追肥多次。早春用于细的鸡粪拌以草木灰，撒在植株周围，夏季刚开花时，将草木灰在清晨露水未干前撒在叶面上作根外追肥，冬初收果后用厩肥、火烧土壅在根部。亦可结合中耕除草，开环状沟施追肥。

（3）培土：草果定植后至开花前，要进行培土，使幼芽生长健壮，开花以后，不宜培土，以免捂伤花蕾，造成腐烂不结果。每次除草时，如发现露出面的须根，可在须根处培少量的腐殖质土，以利根部吸收养分。

（4）排灌：当根部现出球形花苞时遇上天旱，应及时灌溉；雨水太多时应注意排水，以免伤及花蕾，同时要将花蕾周围的杂物除去，使其通风透光，以免落花和烂果。

（5）调整荫蔽度：草果在整个生长发育阶段，需要一定荫蔽，当树木生长造成林内透光度不够时，应适当疏伐或修枝，使荫蔽度控制在 50%~60%，以利植株生长。

病虫害防治

病害　主要有立枯病。

立枯病：为害幼苗，3~4 月间发生，严重时会造成成片倒苗。防治方法：①播种前用 2% 福尔马林进行土壤消毒；②幼苗出土后用 1:1:120 倍的波尔多液预防；③发病后，拔除病株，在病株周围撒石灰粉。用 50% 多菌灵 1 000 倍液，每隔 7 天喷 1 次，连续喷 2~3 次。

虫害　主要是钻心虫。

钻心虫：为害草果的茎部。防治方法：发现虫情应及时剪掉枯心的植株，并用50%杀螟松乳油稀释800～1 000倍喷杀。

采收与加工

采收 草果在种植两年后便开花结果，一般要在6～7年后才进入大量结果期。在立秋后，9～10月间，果实成熟，变灰褐色而未开裂时采收。

加工 将摘下的果实，直接晒干或用微火烘干，否则易发霉变质。在烘烤时要掌握火候，火大会烤焦，火小则草果易发霉。故烘烤时，火力要均匀，炉温保持50～60 ℃之间，并经常翻动，使受热均匀。亦可将鲜果放入沸水中烫2～3分钟，取出晒干，再用温火焙，即得干果实。

（撰稿：丁平）

三十二、茯　苓

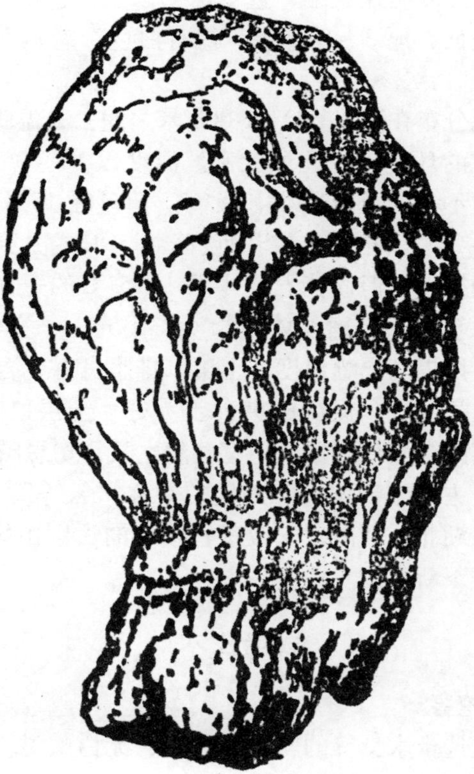

茯苓，又名云苓、松苓、茯灵、松薯等，以其干燥菌核供药用。有利水渗湿，健脾宁心的功效。茯苓是我国著名的传统常用中药材，有2 000多年的应用历史，是国内外药材市场的重要商品。

植物形态与适生环境

茯苓为多孔菌科植物。茯苓为兼性寄生真菌，寄主为松属多种植物。茯苓在不同的发育阶段表现出 4 种不同的形态特征：(1) 孢子：长方形至近圆柱形，表面光滑，透明无色。(2) 菌丝体：幼时为白色绒毛状，老时呈棕褐色。(3) 菌核：由菌丝集结而成不规则的块状，新鲜时外皮略皱，呈淡褐色，皮内呈白色或淡粉红色，较软。形状大小不定，有球形、长圆形及不规则形。干燥后变硬，外皮明显皱缩，色变深褐以至黑色。(4) 子实体：平伏于菌核表面，厚 3 ~ 8 毫米，初时白色。老熟木质化变为淡褐色。

茯苓主要分布在海拔 600 ~ 1 000 米之间；喜温暖、干燥、向阳、雨量充沛的环境，忌北风吹刮。温度以 10 ~ 35 ℃为宜。寒冷潮湿的气候不利于茯苓的生长发育。菌丝在 15 ~ 30 ℃均能生长，但以 20 ~ 28 ℃较适宜。当温度降到 5 ℃或升到 35 ℃以上，菌丝生长受到抑制，但尚能忍受零下 1 ~ 5 ℃的短期低温不致于冻死；光照要求不一，菌丝体生长不需阳光，子实体需散射光，但阳光照射可以提高土壤温度；土壤以排水良好、含水量 25% ~ 30%、疏松通气、砂多泥少的夹砂土为好，土层以 50 ~ 80 厘米厚、上松下实的微酸性土壤最适宜菌丝生长，切忌碱性土壤。

野生茯苓主产于云南丽江地区，常称“云苓”。家种茯苓历史上多集中在湖北、河南、安徽三省接壤的大别山区。广东、广西现已成为茯苓新产区。

栽培技术

1. 选地挖窖

选地：宜选排水良好的向阳缓坡地，无白蚁滋生，土壤以土质深厚、疏松的砂质土壤（含沙量 60% ~ 70%）、背北向南山坡、阳光不足为好，气温、土温低，易生白蚁，黏土、透气性差的土壤不宜采用。最好选生荒地；栽过茯苓的地块即应放荒 5 ~ 10 年方可再种。

挖窖：挖窖时间一般在 12 月下旬至 1 月底进行。先清除场地的草根、杂木蔸、石块等杂物，然后根据段木的大小与长短挖窖，窖形为长方形，深度不能浅于 50 厘米，宽 30 ~ 50 厘米，窖地按坡度倾斜。挖出的土也要保持清洁。场地沿山坡两侧开排水沟，如坡度较陡，可在坡顶筑坝拦水。

2. 菌种准备

栽培茯苓所用的菌种，历来沿用菌核组织，通称“肉引”；将其压碎成糊状作种用称为“浆引”；把“肉引”接种于段木，待菌丝充分生长后挖起，锯成小段作种的称“木引”。用“肉引”和“浆引”栽种一窖要耗费茯苓 0.2～0.5 公斤，用种量大，不经济；“木引”操作繁琐，菌种质量难以稳定。近年来采用纯菌种接引，俗称“菌引”，既可获得高产，又可节约大量商品茯苓。“菌引”是用小松木块（长宽厚 120×20×10 毫米）加适量的培养基质，即 1% 蔗糖和 0.5% 硫酸铵（或硝酸铵）的营养液中浸泡后，装瓶消毒，经接上茯苓原种培养，在瓶内长满旺盛的乳白色菌丝，即作为大面积生产茯苓接种菌种。

3. 备料

根据茯苓生长的营养来源主要靠菌丝在松树的根和树干中蔓延生长，并分解和吸收其中养分和水分之特点，选用松树作为茯苓的生活原料。为了充分发挥松树的利用效率，目前生产上主要采用段木栽培和树蔸栽培两种方法。

段木备料：每年 10～12 月松树砍伐后，立即修去树桠及削皮留筋（用利刀每隔 3～6 厘米削去一些树皮，不削皮的部分称为筋），削皮面宽 3～6 厘米，留筋面不得小于 3 厘米，具体要留几条筋，要看树的大小而定，削皮要露出木质部。削去部分树皮之后，使树木内的水分和油脂容易挥发、干燥；而留筋的作用是便于菌丝传引和保护茯苓菌丝的正常生长。削皮留筋后全株放在山上干燥。经半个月以后，将木料锯成长约 80 厘米的小段，然后就地在向阳处堆叠成“井”字形，待敲之发出清脆响声、两端无松脂分泌时即可供用。

树蔸备料：即利用伐木后留下的树蔸作材料。在秋、冬季节伐松树时，选择直径 12 厘米以上的树桩，将周围地面杂草和灌木砍掉，深挖 40～50 厘米，让树桩和根部暴露在土外，然后在树桩上部分别铲皮 4～6 向，留下 4～6 条约 3～6 厘米宽未铲皮的筋（也叫引线）。树桩下的粗大树根也可用来栽茯苓，每条树根铲皮 3 向，留 3 条引线。根留 1～1.5 米长，过长即截断不要，使树蔸得到充分曝晒至干透。干后可用草将树蔸盖好，防止降雨淋湿。

4. 下窖与接种

下窖接种时间：在春分至清明前后，或在小暑至立秋间进行。下窖应选连续晴天土壤微润时，把干透心的段木按大小搭配下窖，一般每窖2至多段。细料应垫起与大料一样高，两节段木留皮处应彼此紧靠，在欲接种位置使铲（削）皮成“V”形，以便于接种。然后将培养菌种瓶内长满菌丝的松木块取出，插入段木“V”形内。覆土使窖面呈龟背形。

5. 田间管理

（1）查窖补种：段木接种7～10天，便长出白色的茯苓菌丝。检查时若发现段木上不长菌或污染杂菌应进行补缺。方法是将窖的盖土扒开，露出段木，取去一段，以菌丝生长旺盛的窖中取出一段补上，然后将土覆回；或是将不上菌窖内的段木全部取出，晒去水分，再将段木重新削口，放回原窖用菌种接种。

（2）除草、排水：苓场应保持干燥和无杂草。否则，影响光照。雨季或雨后应及时疏沟排水，苓窖怕淹不怕干，水分过多，窖地过于板结，通透性差，也会影响菌丝生长发育，影响产量。

（3）覆土：窖顶前期覆土宜浅，厚7厘米左右，以利菌丝生长迅速；8月份开始结苓之后，盖土可稍厚，约10厘米左右。不宜过厚，否则窖内土温偏低，昼夜温差小，且透气性差，不利于幼苓迅速膨大；太薄，幼苓易暴露或灼伤，且苓形不佳，品质差。每逢大雨过后，待土壤稍干后，及时检查，见土壤有裂缝，应及时培土填塞。此外，随着茯苓菌核的增大，常使窖面泥土龟裂，裂缝应及时填塞好。

（4）修筑围栏：在苓场周围修围栏，防止人畜践踏，影响菌核生长。

病虫害防治

病害　主要有腐烂病、瘟窖

1. 腐烂病：危害茯苓菌核。发病时茯苓常流出黄色粘液并失去特有的香气，品质降低。在茯苓生长旺盛期，因排水不畅或窖底不平或窖面土壤板结，通气性差等是发病的主要原因。防治方法：①段木要清洁、干净；②苓场要保持通风透气和排水良好；③发现此病，应提前采收；④苓窖用石灰消毒。

2. 瘟病：接种后的菌种发生腐烂，段木上又有菌丝，称瘟窖。防治方法：①选好场地，防止土壤板结，积水；②段木要干，晴天下窖；③菌种要新鲜，用引量要足。

虫害　主要有白蚁、茯苓虱

1. 白蚁：是茯苓的主要虫害，往往钻空松木，使茯苓菌丝生长得不到充足的营养物质，导致栽种茯苓失败或严重减产。防治方法：①苓场一定要选用南向或西南向，不选北向或西北向；②段木和树桩要求干燥，最好做到冬季备料，春夏下种；③种苓前，在苓场附近挖好几个诱集坑，坑内放置新鲜松木、松针叶，用石板盖好，每隔 1 个月检查 1 次，发现白蚁时，挖除蚁巢或用辟蚜雾沿着蚁路，寻找蚁穴，撒粉毒杀；④5 ~6 月，大翅蚁分群时，悬挂黑光灯诱杀。

2. 茯苓虱：形似臭虫，吸取茯苓浆汁。防治方法：①进行轮作；②在场地周围插上枫杨树等枝条，防其进入场地。

采收与加工

采收　茯苓一般在接种后 8 ~10 月内成熟，成熟茯苓的特征是外皮带黄褐色，长菌核的段木变疏松呈棕褐色腐朽状，一捏就碎，表示养料已尽，应立即选晴天采收。通常是小段木先成熟，大段木后成熟。宜成熟一批收获一批，不宜拖延。

加工　将采收的茯苓刷净泥土，堆放室内避风处，用稻草或麻袋盖严使之析出水分（发汗），每隔 2 天翻动 1 次，反复堆盖，至表皮皱缩呈褐色时用刀剥下外表黑皮（即茯苓皮）后，选晴天依次切成块片（长、宽、厚 4 ×4 ×0.5 厘米），将切出的白块（茯苓片），赤块（赤茯苓）分别摊竹筛上晒干。也可直接剥净鲜茯苓外皮后置蒸笼隔水蒸干透心，取出用利刀切成小方块（茯神），置阳光下晒至足干。通常以片状茯苓出口，要求切得厚薄均匀。

（撰稿：贺红）

三十三、荜　茇

荜茇，别名荜拔、毕勃、逼拔、鼠尾，商品名为荜茇。以未成熟的果穗入药，有温中散寒、下气止痛的功效。是进口南药之一。

植物形态与适生环境

荜茇为胡椒科多年生草质藤本植物。根为不定根；下部茎匍匐，横卧，幼茎圆，青绿色，被疏毛，有沟、棱，茎节略膨大；叶互生，纸质，基部深心形，掌状脉；花单性，雌雄异株，穗状花序，雄花序细长，雌花序圆柱形，果穗圆柱形，成熟时黑绿色至黑色；浆果球形；种子卵圆形，橙黄色。花期7～9月，果熟期10～12月。

荜茇原产热带地区，野生在海拔200～1 000米的低谷、河谷和盆地边缘的湿热地带。喜高温，年平均气温在19.3 ℃（云南引种区），但引种的荜茇在冬季极端最低气温零下3 ℃时，也能正常生长。要求湿润的环境，多攀生于有森林环境的树皮或岩石表面。幼株要有一定的荫蔽，开花结果期需阳光充足。对土壤要求不严，但以湿润、疏松、肥沃的土壤为好。

荜茇主要分布于喜马拉雅热带地区的不丹、尼泊尔、印度、斯里兰卡、印度尼西亚、马来西亚、泰国、菲律宾、越南等热带地区。云南、广东、广西、福建等省区有引种栽培。

栽培技术

育苗

1. 育苗地：要求不严格，但要有一定的荫蔽度。选好地后整地，把土细碎耙平，作畦。

2. 育苗方法：用种子、扦插和压条繁殖。

（1）种子繁殖

选种：选健壮无病虫害、生长旺盛的植株作母株。

采种和种子处理：11～12月，果穗由青绿色转为黑色并变软，手捏即破时，即可采收。将摘下的果实在室内堆放2～3天后，待果肉发酵变软后置放入布袋中或放水泥地板搓揉，搓烂后用清水洗去果肉，取出种子阴干。或将种子与湿砂混合贮藏，时间不要超过8个月，待气温回升时再播种。播种前，用30～40 ℃草木灰水浸种两小时，除去表层油质，促进发芽。

播种期：随采随播。

播种方法：采用条播或撒播。在整好的畦面上开浅沟，将种子撒在沟内或均匀撒在畦面上，播后用肥沃细土覆盖，以不见种子为度，然后铺草保湿。

（2）扦插繁殖

选取插条：选择健壮正常的直立茎或匍匐茎作插条，控制雌雄株比例，充分利用疏枝后枝条作插条。截取茎基匍匐蔓 20 厘米，每段含 2～3 个节，修去叶片。

扦插时间：春季 2～3 月。

扦插密度：行距 10～13 厘米，株距 6～8 厘米。

扦插方法：将插条斜插于清洁河沙中，深度为插条的 2/3，或平埋于苗床上，盖上一层薄土，上搭荫棚遮荫。插后约 15～20 天可生根，成活率达 90% 以上。

（3）压条繁殖

匍匐茎着地后，每一个节都能生出不定根，采用波状压条法压条，将过长的蔓生匍匐枝压入穴中，覆土浇水，夏季 10～15 天后可长出新根，剪取栽植。

3. 育苗地管理

（1）遮荫：扦插后搭设荫棚遮荫，无荫蔽条件，会造成植株矮小，枝蔓短拙，果小产量低。

（2）淋水：播种或扦插后常淋水，保持土壤湿润。

（3）施肥：苗期施稀薄的人粪尿或化肥，两叶期每亩用尿素 0.5 公斤稀释 1 000 公斤水泼施；五叶期每亩用硫酸钠 5 公斤稀释 1 500 公斤水泼施，另每亩铺施火烧土或土杂肥 1 500 公斤。

种植

1. 种植地：宜选择有荫蔽环境的山间低谷、河谷、盆地边缘潮湿肥沃的地段，亦可选在村前屋旁的竹林下、村寨篱笆周围及河滩旷地。山坡可修成 1 米宽的梯田，平坦地区可成片种植，植前施足基肥，耙翻后做 1.3 米宽的畦。

2. 种植时间：播种苗出苗 2 个月后，长有 5～7 片叶时可种植；扦插苗生长出 4～5 节时，压条半个月长有新根时可种植。

3. 种植密度：株行距 30×60 厘米或 50×50 厘米。

4. 种植方法：起苗时适当带些泥土，栽后覆土，浇上定根水。

5. 种植地管理

（1）荫蔽和搭架：定植初期插芒箕或搭荫棚等适当荫蔽，至开花结果时逐渐减少荫蔽度，揭去遮盖物。当匍匐枝长出直立营养枝时，需搭棚架引藤蔓攀援，以便多分化结果枝和接受充足的阳光。

（2）中耕除草：幼龄期加强除草、松土。由于荜茇根系浅而细，注意勿伤根系。

（3）淋水施肥：及时淋水保湿，适时施腐熟厩肥或氮磷化肥。苗期施稀薄的人畜粪尿或 1%～3% 的硫酸铵溶液，成株每年追肥 2 次，2～3 月施人畜粪尿促进枝叶生长；6～7 月施硫酸钠、草木灰、熏土或腐熟有机肥，催花促果。

（4）整枝、补种：春季气温回升前疏去纤弱、病弱、过密枝，以利通风透光，便于田间管理和结果，发现无雌花的单性雄株，及时除去，并补种雌株。

病虫害防治

荜茇是胡椒科植物，含有辛辣抗病虫害效应物质，目前尚未发现有关病虫害报道。

采收与加工

采收　荜茇在 9～10 月间，当果穗由青黄色变成深绿色或黑绿色但未变软时，即可采收。采收时，用剪刀沿果柄根部剪下或用手摘下，按饱满度和大小分级。

加工　采收后晒干或烘干，即成商品。

（撰稿：徐新春）

三十四、厚　朴

厚朴，别名川厚朴、温朴，商品名厚朴。干燥茎皮、根皮入药，为燥湿行气的常用中药。花蕾亦可入药。药用历史 2 000 多年，厚朴是我国传统出口创汇的特产名贵药材之一。

植物形态与适生环境

厚朴为木兰科落叶乔木。高 7 ~ 15 米，树干端直，树皮紫褐色，油润而带辛辣味；单叶互生，密集于小枝顶端，叶片倒卵形或椭圆状倒卵形，叶大革质，长20～40厘米，宽10～15厘米，叶面绿色，全缘，无毛，叶背在幼时有灰白色短绒毛，老时呈白粉状；花大白色，有香气，许多小花聚集成一团，整团花形如大毛笔笔尖状；聚合果长圆卵状，长约12厘米，果实木质，每1小果内含2颗种子，外皮鲜红色，内皮黑色。花期4～5月，果期9～10月。

凹叶厚朴与厚朴的主要区别是：树皮较薄，淡褐色；叶片顶端有凹缺或浅裂。

厚朴喜温暖湿润、夏季凉爽、冬季略有霜的气候，一般在年平均温度17～18℃，年降水量800～1 000毫米，海拔600～1 000米的低、中山地生长良好；厚朴喜阳光。要求土壤疏松、肥沃、湿润、排水良好：富含腐殖质、微酸性或中性的夹沙泥土或细沙土为好。

厚朴主要分布于湖北、四川、陕西和甘肃；凹叶厚朴主要分布于江西、江苏、福建、安徽、湖南、广西和广东北部。目前栽培的主要是凹叶厚朴。

栽培技术

育苗

1. 育苗地：宜选低海拔，土层深厚，肥沃湿润、富含腐殖质，排水良好，具一定遮荫条件的新开荒地段为好。苗床宜在头年深翻25～30厘米，让其休闲熟化。雨水前后每亩施饼肥、厩肥和火灰等混合肥1 500公斤作基肥，浅翻，并拌匀肥和土后，作1.3米宽的高畦。

2. 育苗方法：用种子、压条和扦插繁殖。

（1）种子繁殖

选种：选择树龄15年生以上，树体健壮的、生长在阳光充足的母树上采集成熟果实，选果大、种子饱满、无病虫的留作种用。

采种及种子处理：在8～9月间，当果皮裂开露出红色的种子时，摘下果实，取出种子。由于种皮厚而坚硬，外被脂质，妨碍种子吸收水分，不易发芽，故播种前要进行脱脂处理。方法是：将种子置清水中浸泡2天，捞出与适当的砂或粗糠混合，用手搓，搓至红色蜡质全部去掉为止，再用清水冲洗干净，薄摊于通风处晾干即可。

播种期：冬、春播均可，冬播一般在10～12月，春播在2～4月，由于厚朴种子寿命约2年，久贮的种子不宜用。

播种方法：以条播为主，按行距20～25厘米，开横沟5～7厘米深，将种子播于沟内，盖细土，再盖稻草于畦面，淋水保持湿润。每亩播种量13～18公斤。

（2）扦插繁殖

插条的选择与截取：选取粗1厘米的1～2年生无病虫害的枝条，剪成长约20厘米的插条，削平上端切口，下部插口削成马耳形斜面。

扦插季节：每年2月份母株萌动前，雨量渐多，气温回升时扦插。

扦插方法：按行距20～25厘米开沟，将插条按株距7～8厘米插于沟内，然后覆盖细土。插条露出地面约1～2厘米。

（3）压条繁殖

低压法：在11月上旬至翌春期间，将厚朴根际处分蘖的幼嫩枝条，中段横割约3厘米一环口，压入挖好的沟中，覆土20厘米左右，土上用石块压住，枝条稍露出土外，并使枝梢直立。待生根苗长到30～60厘米时，即可切离母株进行移栽。

高压法：在3～4月间，选1～2年生健壮枝条，在距枝条基部约2～3厘米处环剥皮宽4～6厘米，剥后3～5天，用菜园土裹住环剥处，待生根后割离母株移栽。

3．育苗地管理

（1）除草：厚朴一般在3月下旬出苗，此时揭去盖草，当苗有3片真叶时，进行除草，条播的可在行间松土除草，撒播的只宜拔苴。

（2）施肥：当苗高约7厘米时，每亩施淡人粪尿1 000公斤进行催苗，6月中、下旬再施硫酸铵每亩3～5公斤，切忌直接施到苗木上，防止灼伤。

（3）淋水及排涝：在夏季高温干旱时，要浇水抗旱；多雨季节，要注意排水，不积水，以减少根腐病的发生。

（4）遮荫：幼苗怕强光，天晴时注意遮荫，也可套种其他作物遮荫。

种植

1. 种植地：宜选择海拔600～800米的向阳坡地，土层深厚，肥沃湿润，富含腐殖质的中性至微酸性的砂质壤土。种植前挖穴，穴的规格为60×60×30厘米。

2. 种植时间：宜在早春雨水前后进行，此时雨水充足，容易成活。

3. 种植密度：株行距3×4米或3×3米，每穴栽凿1株。

4. 种植方法：将苗挖取，剪短主根，醮上拌有磷肥的泥浆，栽于预先开好的穴内，使根部自然舒展，培土高度较原土痕高4～6厘米，栽后覆土压实，浇定根水，然后盖上一层松土及杂草。

5. 种植地管理

（1）间作：厚朴移栽后1～3年内，林间空隙较大，为充分利用土地，可在其间套种豆类、麦类等短杆作物，既增加收益，又有利于幼树生长。

（2）施肥：在冬季施适量堆肥，在春季施硫酸铵，以促进苗木迅速成林。

（3）中耕除草：移栽后3年内，生长稍缓，每年在夏冬二季，各中耕除草1次，结合中耕除草在树基部培土，并除去基部发出的萌蘖苗，有利于幼林的生长。

（4）修剪：成林后，修剪弱枝、下垂枝和过密枝，利于养分集中供应主干和主枝。

病虫害防治

病害　主要有叶枯病、根腐病及立枯病。

1. 叶枯病：发病初期，叶上的病斑黑褐色，后逐渐扩大呈灰白色，布满叶片；潮湿时，病斑上着生小黑点，叶片最后干枯死亡。防治方法：①冬季清除枯枝病叶；②发病初期摘除病叶，再喷1:1:100波尔多液，每7天1次，连续2～3次。

2．根腐病：苗期发病，根部发黑腐烂，呈水渍状，全株枯死。防治方法：①注意排水；②发现病株立即拔除，病穴用生石灰消毒，或用50%多菌灵1 000倍液浇病穴。

3．立枯病：幼苗出土后，靠近土面的茎基部病斑呈褐色，病部缢缩腐烂，幼苗倒伏死亡。防治方法：①注意排水；②喷50%托布津1 000倍液防治。

虫害　主要是褐天牛、金龟子。

1．褐天牛：成虫咬食嫩枝皮层，造成枯枝，防治方法：①树干用石灰液涂白，防止产卵；②5～7月成虫盛发期进行人工捕杀；③幼虫蛀树干木质部后，观察到树干有新鲜缺口，即用钢丝钩杀，或用药棉浸80%敌敌畏乳油塞入蛀孔内，用泥封口，把幼虫毒死。

2．金龟子：在夜间出动，咬食叶片，造成缺刻或光杆，闷热无风的晚上更为严重。防治方法参照杜仲的病虫害防治。

采收与加工

采收

厚朴定植20年即可剥皮，剥皮方法可参照杜仲的环剥方法。

花蕾的采收在3月下旬到4月上旬花蕾将开放时采下。

加工

1．水烫发汗法：将厚朴树皮先用沸水烫软，直立放于屋内或木桶内，覆盖棉絮、麻袋等使之发汗，待皮内侧或横断面都成紫褐色或棕褐色，出现油润或光泽时，将每段树皮卷成双筒，用竹篾扎紧，削齐两端，曝晒晒干即成。小根皮及枝皮晒干即可。

2．精加工：按特殊要求或出口规格进行。挑选外观完整、卷紧实未破裂、皮宽厚、长度符合要求的厚朴皮，用刮皮刀刮去表面的栓皮层，竖放于水中，浸软后取出，将厚朴两头修平整，然后用红丝线捆紧两头，横放，堆在阴凉通风处自然干燥。

采回花蕾先蒸10分钟，取出铺开晒干或烘干，也可以放在沸水中烫一下，再进行干燥。

（撰稿：钟小清）

三十五、剑叶龙血树（血竭）

剑叶龙血树，从其含脂木质中提取制得中药血竭，具散瘀定痛，止血生肌的功效。著名七厘散就有本品。明代李时珍《本草纲目》曰：“此物如干血，故谓之血竭”。血竭为我国紧缺药材之一，历来依靠进口。原产热带和亚热带，我国从汉代开始，便从伊朗、马来西亚和印尼等国进口。1972 年以来，在我国云南、广西、海南陆续找到了可供提取血竭的龙血树，生产出国产血竭、南岛牌血竭。经过化学分析，证明与进口的非洲血竭的基本成分相似，经临床验证，它与东南亚进口的“皇冠牌”血竭有相同的疗效，可作血竭入药。填补了国内血竭生产的空白，为国家节省大量外汇。

植物形态与适生环境

剑叶龙血树为龙舌兰科常绿乔木。高达 15 米，茎粗一般 30～50厘米，最粗可达 1 米，分枝多，树皮灰白色，光滑，老干皮部灰褐色，有纵向裂纹，易片状剥落，幼枝有明显的环状叶痕；叶聚生在茎、分枝顶端，互相套迭，剑形，薄革质，光滑无毛，向基部略变窄而后扩大，抱茎，无柄，近叶茎处有少量红色液汁溢出；圆锥花序，花序轴密生乳突状短柔毛，幼时毛更甚；球形浆果，橘黄色，具 1～3 颗种子，种子大如豌豆。花果期常因年份不同而异，花期 2～7 月，果期 4～10 月。

剑叶龙血树喜温暖，在它分布生长的云南省孟连县，年平均气温 20 ℃，月平均最高 23.7 ℃，最低为 13 ℃；极端最高 35 ℃，极端最低近 0 ℃。耐干旱，在我国分布区，干湿季明显，年雨量为 1 374 毫米左右，降雨量集中在 5～10 月，旱季 11～4 月。性喜半阴环境，稍耐荫，忌烈日曝晒。在完全蔽荫环境，叶片发黄，生长发育不良。在疏林岩石山地的向阳坡和坡脊，常形成植被的优势树种，局部地区形成纯林，在阴坡面则很难看到剑叶龙血树。土壤以排水良好的沙质壤土为佳。

剑叶龙血树主要分布在北纬 21.5°～23.6°范围内，东西横跨云南与广西。

栽培技术

育苗

1. 育苗地：选择土质疏松、排水良好的沙质壤土作苗圃地，翻耕土壤，碎细整平后作畦，畦宽 1～1.3 米，高 20～30 厘米。

2．育苗方法：用种子繁殖、扦插繁殖和分株繁殖。

（1）种子繁殖

采种及种子处理：采摘成熟果实，洗净后放入装有细沙的水箱或花盆中，与沙混合后，置荫棚下，保持一定湿度，6～7天后种子开始萌动，选出萌动的种子进行播种。

播种期：春播2～3月，秋播8～10月。

播种方法：在播种床上按株行距5×10厘米开沟点播，播后盖一薄层沙，25天后种子发芽，一般发芽率在70%以上，场圃出苗率为35%～40%。

（2）扦插繁殖

插条选择和截取：选择不具叶的较下部的直径约2厘米的成熟枝条作插穗，切取长15～20厘米，具若干个节为一段，供扦插用。

扦插季节：宜在气温回升后的3月进行。

扦插方法：将插穗插于砂床上，露出地面1/3枝条。插穗间的株距为3厘米。在25～30℃的气温下，半个月左右开始发芽，发芽率约为80%，但发根率只有10%左右，若用生根素处理，可提高发根率。

（3）分株繁殖

分株苗选取：常从根际处萌发新枝呈丛状生长，选择当年生的萌蘖条作种。

分株繁殖时期：在气候温暖湿润季节。

分株方法：将老株基部发出的新蘖芽切开，移至已整好的苗床上，老植株年年均有新蘖芽，在不影响植株生长发育时，可年年切开进行分株繁殖。

3．育苗地管理

（1）遮荫：播种床及插床上必须搭荫蔽物。

（2）淋水：经常保持土壤湿润，苗圃地还要求排水良好。

（3）施肥：植株生根成活后，少量施肥。

种植

1．种植地：适应范围比较广，适生于排水良好的酸性腐殖质土壤，在非钙质的土壤上都生长良好，正常开花结果，忌碱性土。

1. 种植时间：春季 3 ~4 月雨季进行。

2. 种植密度：株行距 1 ×1.5 米。

3. 种植方法：在整好种植地上挖穴，每穴植 1 株。

4. 种植地管理

（1）遮荫：夏季为避阳光直射，需搭设荫棚养护。

（2）淋水：遇天旱，早晚淋水。

（3）中耕除草：及时清除杂草。

（4）施肥：种植成活后，施腐熟人粪尿，按肥水 3∶7 稀释。

（5）防寒过冬：冬季低温，培土盖草，防霜冻。

病虫害防治

剑叶龙血树从野生转为家种，时间不长，面积不大，加上管理认真，故未发现严重病虫害。

采收与加工

采收　当含脂木质的颜色变成深紫红色，树脂含量达 25% 以上时便可采收。割伤采脂 1 年 1 次，宜在冬季进行。如对主茎直径 30 厘米以上的植株，可以平面割伤深达木质部，半年后就会有 0.2 ~0.3 厘米厚的含脂木质出现。单株每年能割取干重 0.6 ~1.4 公斤，可供提取 0.15 ~0.3 公斤血竭。但每砍削 1 次含脂木质，就使龙血树蒙受 1 次不可恢复的伤害，从而缩短寿命，如何更合理地采收还值得研究。

加工　用快刀削取紫红色含脂木质，干燥后粉碎，再用 95% 乙醇提取，然后过滤、浓缩、干燥，便得纯品血竭。根据实验得知，含脂木质粉碎程度与血竭的提取收率关系密切，一般粉碎度以能过孔径 4 毫米筛为宜，此时血竭产率为 34% 。

（撰稿：贺红）

三十六、穿心莲

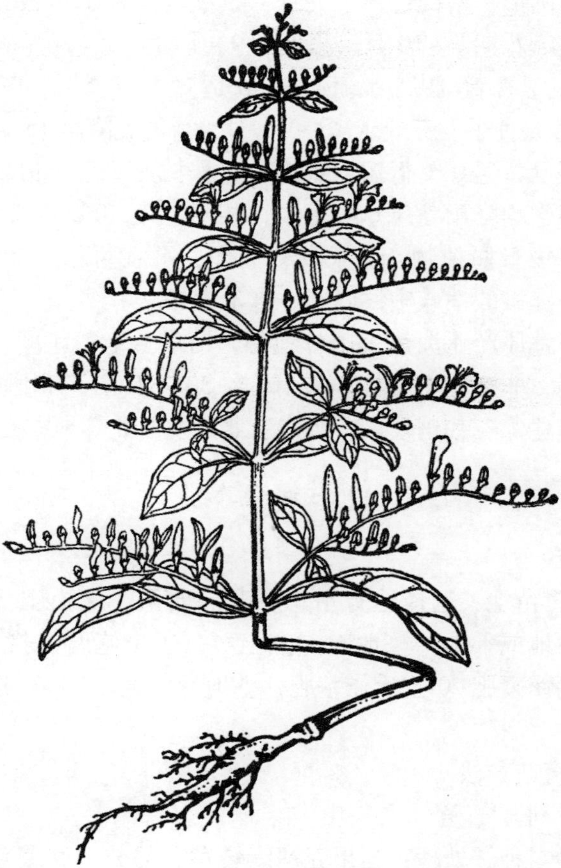

穿心莲，别名榄核莲、一见喜、苦胆草，商品名为穿心莲，全草入药。提取的有效成分可制成穿心莲脂、穿心莲内酯片、穿心莲甙、穿心莲甙酯片。是清热解毒、凉血，消肿之良药。用药历史悠久。

植物形态与适生环境

穿心莲为爵床科植物。植株高 50 ~ 100 厘米，直立，茎四方形，分枝多，节部呈膝状膨大；叶对生，几无柄，长圆形至披针形，似辣椒叶，基部楔形；圆锥花序顶生或腋生，花淡紫白色；蒴果长椭圆形，紫褐色，中央有一条纵沟；种子多数，卵形，表面有皱纹。花期 7 ~ 10 月，果熟期 9 ~ 11 月。

穿心莲喜高温高湿环境。最适生长条件，年平均气温 21 ~ 28 ℃，种子发芽要求 25 ~ 30 ℃，当气温降至 15 ~ 20 ℃以下时生长缓漫，遇 0 ℃低温或霜冻，整株枯死。喜湿怕旱，广东引种区，年平均降雨量 1 660 毫米，相对湿度 80% 生长发育良好。穿心莲是短日照植物，生长期喜向阳，不宜荫蔽。喜肥沃疏松、排灌方便、微酸性或中性砂壤、壤土为好。

穿心莲原产亚洲热带雨林地带，斯里兰卡、印度、泰国、菲律宾等国，非洲、南美洲也有分布。50 年代引入我国，现广东、广西、福建等省栽培较广，山东、北京及西北等地亦有引种。

栽培技术

育苗

1. 育苗地：选择地势平坦，背风向阳，疏松肥沃，水湿条件好的山地或平地，整地时深翻土壤，每亩施腐熟猪牛粪 2 000 公斤，钙镁磷肥 20 公斤作基肥，整地后作宽 1 ~ 1. 3 米，高 15 ~ 20 厘米的苗床。

2. 育苗方法

(1) 种子繁殖

采种与种子处理：当果壳褪绿转黄、部分呈红紫色时，种子已达中熟程度，即可采摘，立即晒干，果壳自行裂开弹出种子，扬净果壳后装入布袋，挂通风处贮存。因穿心莲种皮较坚硬，表面又有一层蜡质，妨碍种子吸水萌发。播种前用细砂 2 份，种子 1 份放入袋内或在水泥地上搓揉，待种皮失去光泽，蜡质层部分磨损即可。或将种子用 40 ~ 45 ℃温水浸种 1 ~ 2 天，捞起摊开，用湿纱布覆盖保湿，待少量种子萌发，即可播种。

（2）播种期：清明前后播种。栽培地于4月中旬进行，留种地于3月中下旬进行。

（3）播种方法：将种子与草木灰拌匀撒播于苗床上，盖上薄土，喷洒清水，再覆上树叶或稻草保湿。每平方米播种7.5～10克。

3．育苗地管理

（1）揭去覆盖物：当苗床出芽50%～70%时，应及时揭除稻草、树叶等覆盖物。

（2）喷水：播种后常喷洒清水，保持畦面湿润。

（3）除草：除去争肥抢水的杂草，促进幼苗生长。

（4）施肥：出苗后，结合淋水，每隔7天施1次稀粪水。

种植

1．种植地：应选择地势平坦，背风向阳，肥沃、疏松、排灌良好的地方。但不宜以茄科作物作前茬，以防传染病害。广东、福建等地4月初整地，北方在前作收获后整地，下足基肥，每亩4 000～5 000公斤，翻耕作畦待植，一般畦宽1～1.3米，翻耕深度为20～25厘米，耙平，修好灌、排水沟。

2．种植时间：4月底至5月初，当播种苗长有4～5对真叶，苗高10厘米时可移栽。

3．种植密度：株行距20×20厘米或20×25厘米，每亩种植1～1.2万株。

4．种植方法：种植移栽前1天，先将苗床灌水浇透，起苗时略带泥土，选择健壮无病虫害苗木，按株行距进行种植。

有的产区，不经过种子育苗，采用直播：播种期视气候而定。江南于4月中、下旬进行，北京5月中旬，重庆4月中旬至5月上旬进行。播种方法有穴播和条播。穴播株行距为25×30厘米，播种后覆土，以不见种子为度，每亩可播种0.25公斤；条播行距为17厘米，深约1厘米，播后浇水，覆细土。

5．种植地管理

（1）浇水施肥：栽后无雨天，每天应浇1～2次水，缓苗之后每隔 3 ~ 5 天浇 1 次水，经常保持畦面湿润。结合淋水进行追肥，追肥次数不少于 3 次，定植后 10 天每亩施用稀释人粪尿 3 000公斤或尿素 10 公，以后每隔 15 ~ 25 天追肥 1 次，每亩用较浓的人粪尿 2 000 公斤或硫酸铵 20 公斤，封行后，可视生长势适当追施氮肥，但留种地应停止施氮肥，以利花果生长。

（2）摘心培土：当苗高 30 ~ 40 厘米时，摘去顶芽，促进侧芽生长；并结合中耕，适当培土，促进不定根生长，增强吸收水肥能力，防止风害。

病虫害防治

病害 主要有猝倒病、立枯病、黑茎病。

1. 猝倒病：为害幼苗，发病时苗茎基部出现水渍状腐烂，地上部分倒伏死亡，苗木过密或苗床湿度过大，土壤带菌时多发，常与立枯病同时发生。防治方法：①加强苗床管理，控制湿度，避免湿度过大；②发病时，用敌克松 400 ~ 500 倍液浇灌病区；③栽种前严格进行土壤消毒，并疏去过密苗、病弱苗。

2. 立枯病：多于幼苗长出 1 ~ 2 片真叶时发生。发病时近土表的茎基部呈浅黄褐色腐烂缢缩，造成地上部分倒伏死亡，后期病茎只剩丝裂状纤维组织。防治方法：①播种前，每亩土壤用 15 ~ 20公斤硫酸亚铁消毒；②发现病株，立即清除，用 5% 石灰乳消毒；⑨发病时用 50% 托布津可湿性粉剂 1 000 倍液喷雾。

3. 黑茎病：该病多于 7 ~ 8 月高温高湿季节发生。发病时，近地面茎基出现长条状黑斑，向上下扩展，使茎杆萎缩，叶色变黄绿，叶片下垂，叶缘内卷，严重时整株萎黄而死。防治方法：①加强田间管理，及时排涝，适当追施磷钾肥，提高抗病能力；②选择良好壮株种植。

虫害 主要有蚯蚓、蝼蛄、象鼻虫、棉铃虫等。

1. 蚯蚓：主要为害苗木。四处翻动土壤，影响苗木正常生长甚至造成死苗。防治方法：①育苗整地前深翻土壤，使其冻化，减少蚯蚓活动；②发现为害时，浇灌茶籽饼浸出液驱赶，待其出洞后捕捉。

2. 蝼蛄：该虫咬断幼苗，造成死苗，钻洞时伤害苗根，造成死苗。防治方法：①用黑光灯捕捉；②用 0.5 公斤氯丹乳剂兑水 7.5 公斤，拌谷糠或菜叶 25 公斤制成毒饵，傍晚施放诱杀；③用 75% 辛硫磷乳剂 700 倍液浇灌。

3. 象鼻虫：于 5 ~ 6 月咬食幼叶。防治方法：①人工捕捉；②每亩用 90% 敌百虫 0.1 公斤拌蔬菜 5 ~ 7 公斤制成毒饵，傍晚施放诱杀。

4. 棉铃虫：多发于 8 ~ 10 月结果期，其幼虫为害种子。防治方法：①冬季深耕土壤，消灭蛹虫；②用黑光灯诱杀成虫；③幼虫孵化期用 90% 敌百虫 1 000 倍液喷雾。

采收与加工

采收　穿心莲有效成分，因采收季节不同，变化很大，通常栽后 3 个月左右枝叶繁茂开花现蕾时全株拔起或齐地割取。这时有效成分含量较高，到盛花期或果期采收，产量和质量下降。广东、海南、广西南部，1 年可收割 2 次，首次于 8 月，用镰刀在茎基 2 ~ 3 节处割取；第 2 次在 11 月。

加工　收获后晒干，遇雨天应在室内摊开，不能堆积，保持通风，防止发热霉变。年亩产干品可达 200 ~ 300 公斤。

（撰稿：徐新春）

三十七、泰国大风子（大风子）

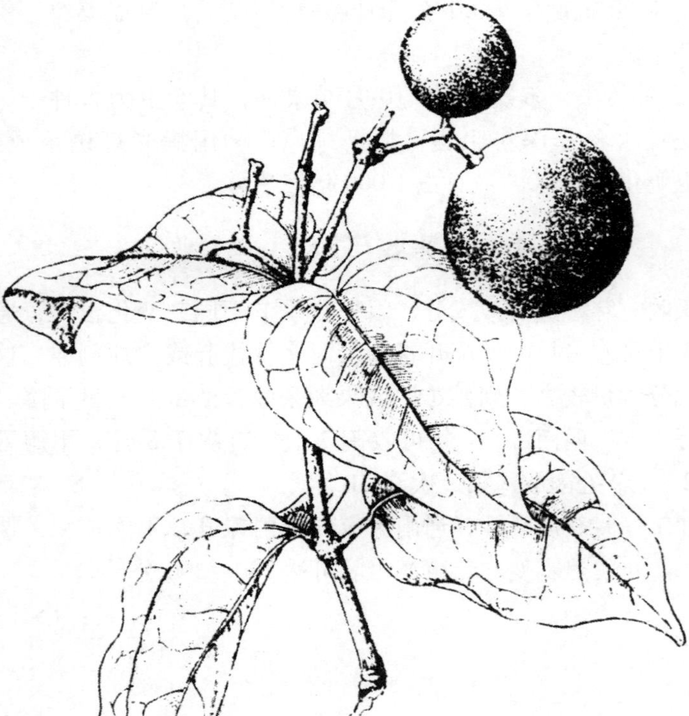

泰国大风子的干燥成熟种子作中药大风子入药，有祛风燥湿、攻毒杀虫之功效。本品有毒性，内服常引起呕吐、胸腹痛等症，一般多作外用药。用大风子压榨的油称大风子油，对麻风病有一定的控制作用，涂擦治顽癣，也有奇效。

植物形态与适生环境

泰国大风子为大风子科的常绿乔木。树高 6～12 米，树干灰白色，树皮粗糙，木质结实，分枝多；单叶互生，叶片椭圆形，嫩叶紫红色，老叶上面暗绿色，下面黄绿色；花单性或杂性，雌雄同株或异株，花一至数朵簇生于叶腋；果球形，幼果黑棕色，被绒毛，成熟果果皮坚硬，黄棕色；种子 50～60 粒，略呈多面体。湛江地区花期 3～4 月，果熟期 10～11 月。

泰国大风子喜高温，年平均气温 27～28 ℃最适宜其生长，怕霜冻，当最低气温在 6 ℃时，或遇短期轻霜，幼梢嫩叶时有轻度寒害。喜高湿，耐短期水淹，年降水量 1 700 毫米，空气相对湿度 84%～88%最适其生长。为半阴性植物，幼株喜阴，荫蔽度在 60%～70%为宜；成株喜阳。要求土层深厚、肥沃、湿润的壤土，或轻黏土；在排水不良的重黏土和干燥的土壤上，生长缓慢。

泰国大风子主产于泰国、越南、马来西亚、印度、柬埔寨等国，我国海南、广东、广西、云南等省区在 20 世纪 60～70 年代已有引种栽培。

栽培技术

育苗

1. 育苗地：宜选排水良好的疏松土壤，耕翻 30 厘米深，施入腐熟基肥，与土拌匀，作畦宽 1 米的苗床。

2. 育苗方法：用种子、扦插繁殖。

（1）种子繁殖

采种与种子处理：采摘黄棕色，果皮开裂的成熟果实，置阴凉处堆沤，上盖稻草或薄土，约 6～7 天果肉沤烂后取出种子，洗净，不能曝晒，要摊放在通风处阴干。拣去灰白色的嫩子，贮藏于瓦罐中放置室内。播种前取出种子，在烈日下曝晒数分钟，使种皮产生裂纹，以增加种子吸水能力，加速种子发芽和提高发芽率。晒种后再进行沙藏催芽，待种子裂口露芽时再行播种。

播种期：以春播为好，在2月下旬至3月上旬气温回升时播种为宜。

播种方法：在整好的苗床上，按行距20厘米，株距10厘米开沟点播，分批播下已发芽的种子，播后覆土3厘米左右。

采用营养袋育苗时，将种子撒播于已整好的苗床上，盖2~3厘米河沙，待种子发芽长有1~2片真叶时即可移入营养袋。营养土配制：表土3份、火烧土1份，加经过沤制的土杂肥拌均。袋的规格为12×18厘米的塑料袋。经过半年培育，即可移植。

（2）扦插繁殖

插条选择和截取：选择1年生以上，组织充实的半老枝，截取长15~20厘米的小段，每段具2~3个节。

扦插季节：春季2~3月，树液流动前进行。

扦插方法：按株行距10×15厘米，插在用清洁河沙作的苗床上，深度为插条的2/3，插后约30~40天生根。苗床要求荫蔽，经常保持湿润。

3. 育苗地管理

（1）遮荫、保湿：苗床要盖稻草保湿，同时搭设荫棚。

（2）除草、松土、炼苗：出苗后揭去盖草，并清除杂草和松土，以防土壤板结。苗高30~35厘米时揭去荫棚，进行定植前的日晒锻炼。

（3）浇水、施肥：根据各地条件和苗木生长情况，进行施肥、浇水，促进幼苗生长。

（4）疏苗、移栽：如苗木过密，可在苗长出1~2片真叶时，按20厘米株距带土疏苗移栽。

种植

1. 种植地：宜选河边、塘边、沟边、房前屋后及杂木林地，疏松肥沃、排水良好的壤土。直接挖穴种植，穴的规格为60×60×50厘米，晒土2~3周后，每穴施入10公斤左右的腐熟有机肥料，与表土混匀，填入穴内，以待种植。

2. 种植时间：湛江地区一般在3~4月，海南岛8~9月。若培育1年生苗，则当苗高50～100厘米时，选雨季的阴天或小雨天定植。

3．种植密度：按株行距5×6米或4×5米。

4．种植方法：定植前先把幼树主干下部的侧枝、萌芽全部剪除，主根、侧根过长的也适当修剪。若遇上晴天或需远途运输，则需用黄泥浆蘸根，再用稻草包扎打捆，免根部干枯影响成活。定植时，根系要舒展，先用细碎表土填入根隙，轻提后覆土压实，浇定根水，用草覆盖株旁。

5．种植地管理

（1）防畜害：大风子叶为牛、羊牲畜喜食。林地必须做好防范，防止为害。

（2）查苗、补苗：植后前3年，每年查苗1次，见缺株要及时补种，保证单位面积有足够株数。

（3）间种：幼林可在行间间种玉米等高秆作物遮荫，以加速植株生长，成林后可在林下间作千年健、益智等耐阴的草本药材，以提高土地利用率，达到以短养长的目的。

（4）中耕除草：经常除去株旁杂草，并保持株旁土壤疏松。尤其在雨季末期，须进行1次除草松土，另外，每次施肥前进行除草松土，将除下的杂草盖于根际周围。

（5）施肥：每年可追肥2～3次。3～4月，花期可施液肥，如人粪尿等，也可每株施硫酸铵0.05～0.1公斤，幼龄树用0.05公斤；6～7月雨季，可施腐熟的农家肥，如厩肥、堆肥等，在树冠周围挖坑施入；8～9月，每株施火烧土1.5～2公斤，硫酸铵0.05公斤。随树龄增长，施肥量可适当增加。

（6）排灌：定植后1～2个月内，如无雨需常浇水，以保证成活。幼树期在1～5月干旱地区可结合施水肥满足对水分的要求。雨季和易积水地要注意排水。

（7）修枝：每年冬春修剪下部侧枝、分叉枝，减少养分消耗，使树干直立粗壮，分枝均匀。

病虫害防治

病害

叶斑病，一般在于旱低温月份于老叶上发病，发病点先在茎叶尖端及叶缘退绿，初显黄色斑，后变为黑褐色，逐渐扩大至叶片干枯。防治方法：①可摘除病叶，或修剪集中烧毁；②发病前及发病初期喷1∶1.5∶120倍波尔多液。

虫害 主要有蚜虫、蛀心虫、毒蛾和蛱蝶。

1. 蚜虫：湛江地区在高温干燥的7月份为害较严重。幼虫吮吸幼嫩叶汁液，致使叶芽失去水、养分供应变成枯黄。防治方法：在早上幼虫群集于新叶叶面上时，用辛硫磷稀释1 000倍液喷杀。

2. 蛀心虫：以幼虫为害新枝叶。初孵幼虫从叶柄基部蛀入枝内，由上而下蛀食，隔一段时间向外蛀一排泄孔，折断被害干枝。防治方法：①清洁田园，烧毁越冬虫卵；②用棉花蘸敌敌畏睹塞虫孔，熏死虫体。

3. 毒蛾：幼虫在3～4月以幼虫咀食新抽嫩叶，为害树叶。防治方法：用90%固体敌百虫稀释800倍后喷雾，每周1次。

4. 蛱蝶：幼虫咬食幼芽嫩叶、叶肉，使叶片仅存叶缘。防治方法同上。

采收与加工

采收 种植后4～6年开始开花结果，当果实成熟时会自然坠地。一般在9～12月间，当部分果实的果皮变软裂开时，即可全部采收。

加工 采收后的果实放在阴凉处堆沤至果肉软化，去壳洗去果肉，将种子洗净晒干，即为商品。

（撰稿：刘军民）

三十八、栝楼（瓜蒌、天花粉）

栝楼，又名药瓜、瓜蒌、栝楼根。以果实种子和根入药，果实药名瓜蒌，能清热涤痰、宽胸散结、润燥滑肠；果皮药名瓜蒌皮，能清化热痰、利气宽胸；种子药名瓜蒌仁，能润肺化痰、滑肠通便；根药名天花粉，能清热生津、消肿排脓。均为常用中药。天花粉应用历史悠久，在国内外久负盛名。目前药材市场需求量大，并销往港澳及东南亚地区。

植物形态与适生环境

栝楼为葫芦科多年生草质藤本植物。草质茎长达 5 ~ 10 米，蔓茎多分枝，有卷须，能攀援；块根横生，肥厚，断面肉质，白色；单叶互生，近圆形或宽卵状近心形，常 3 ~ 9 浅裂至深裂；雌雄异株，雄花 3 ~ 4 朵生于总花梗上呈总状花序，花冠白色；雌花单生于叶腋，瓠果宽椭圆形，或近球形，成熟时橙黄色；种子长方形，压扁状，光滑似瓜子。花期 7 ~ 8 月，果期 9 ~ 10 月。

栝楼较耐寒，适宜生长于冬暖夏凉、年平均气温在 20 ℃以下的低、中山区，7 月份气温最好在 28 ℃以下，1 月份平均温在 6 ℃以上。喜湿润，不耐旱，怕水涝，年降水量为 900 毫米左右，相对湿度 75% ~ 80%。对土壤要求不严，但以砂质壤土地栽培为好，过于粘重、积水和盐碱地不宜种植。

长江以南分布于山东、安徽、四川、广西、江苏、浙江等省。药用主要以家种为主，我国大部分地区有栽培。

栽培技术

育苗

1. 育苗地：选择向阳的砂质壤土作温床，于早春整地作畦，再将畦土挖起，填入腐殖土、堆肥、过磷酸钙、人畜粪等混合堆沤的复合肥，厚 30 厘米左右，上再盖细土 10 厘米。

2. 育苗方法：采用种子和块根繁殖为主，亦可压蔓繁殖。

（1）种子繁殖

选种：当栝楼果实成熟时，选择橙黄色，壮实而柄短的果实作种用。

采种及种子处理：采回的果实挂在室内通风处，春季播种前，破开果壳取出种子，选饱满种仁作种用。播前用 35 ~ 50 ℃温水浸泡 24 小时，取出与 3 ~ 5 倍湿细砂混拌均匀，置于 25 ~ 30 ℃的温度下催芽，待大部分种仁裂口时即可播种。

播种期：于早春 2 月下旬至 3 月间进行。

播种方法：播种时在整好的地上按株行距开穴，每穴内撒下种子5～7粒，深约3厘米，种子裂口一端向下，再覆细土厚约3厘米，保持土壤湿润，2～3周即可出苗。

（2）块根繁殖

块根的选择和截取：选择好种根。以收果实为目的，应多选雌株，收天花粉为目的应多选雄株，且要无病虫害的健壮植株。育苗前将根挖出，选取表面光滑、断面新鲜的块根，切成5～7厘米长的小段作种根，切口处粘上草木灰（拌入50%钙镁磷肥），再喷0.5～1 ppm赤霉素稀液，稍晾干后栽种。

块根育苗季节：于3～4月初进行。

块根育苗方法：在整好的畦面上，按行距1.5米、株距30厘米，挖9厘米深的穴，每穴平放种根1段，覆盖细土厚3～5厘米，压实，再培土7～9厘米使成小土堆状。

栝楼藤蔓具生长不定根的特性，可在雨季将老蔓的茎节压入土中，待生根后，截离母体，另行栽植，即为压蔓繁殖。

3. 育苗地管理

（1）遮荫：播种后需盖草，保温保湿。

（2）淋水：土干时，要及时淋水，保持土壤湿润。

（3）地膜覆盖：有条件时，进行地膜覆盖，能提高地温，改善土壤理化性状，以利提早出苗。覆膜后要经常检查，发现幼苗出土，要及时破膜开孔，引苗出膜，以防高温灼伤幼苗。

（4）间苗：采用播种繁殖时，待苗高10厘米时即行定苗，每穴留壮苗2～3株，其余弱小和过多的苗拔掉。

（5）施肥：幼苗生长期间，可适当施稀薄的有机肥。

种植

1. 种植地：选择土层深厚、肥沃、排水良好的砂质壤土，于封冻前挖穴，穴的规格50×50×40厘米，使土壤熟化。于翌春栽种前，每亩施用腐熟厩肥、土杂肥、饼肥、过磷酸钙等混合堆沤的复合肥共5 000公斤施入穴内，与土拌匀，再用细土填平待栽植。

2. 种植时间：于春季3～4月进行。

3．种植密度：株行距 1.5×2.0 米。

4．种植方法：育苗移栽者，每穴栽入幼苗 2～3 株，覆土压实根部。栽后浇施 1 次清淡人畜粪水，每亩约 1 000 公斤，以利成活。块根直插者，每穴横栽种根 3 段，摆成品字形，覆土厚约 10 厘米，施入稀薄人畜粪尿。

5．种植地管理

（1）中耕除草：每年于春、秋各中耕 1 次，中耕不宜深，免伤根部。在植株生长期见草就除，保持田间无杂草，植株封行后停止。结合中耕除草培土，使根不致外露。

（2）施肥：栝楼肥水不足会引起落花落果。栽后第 1 年可在 6 月间追肥 1 次。从第 2 年起，每年施肥 2 次，第 1 次在早春开冻后进行，以有机肥为主，亩施优质圈肥 4 000 公斤或豆饼 50 公斤，并混入尿素 15 公斤、过磷酸钙 20 公斤或复合肥 20 公斤。施肥时，在离植株约 15 厘米处开沟施入，施后作畦浇水。不宜施用速效氮肥，以免引起徒长。

（3）淋水：干旱时要及时浇水，雨后要及时排涝，防止积水。

（4）搭棚架：当栝楼长 30 厘米以上时，每株留粗壮茎蔓 2～3条，使其攀援向上生长，其余弱蔓全部剪除。搭设棚架，架高 1.5 米左右，可用 1.8 米的水泥预制行条或竹、木柱等作主柱，1 行栝楼 1 行柱子，每隔 2～2.5 米立 1 根，2～3 行之间搭设 1 横架。架子上面、两头、中间、四角拉铁丝，保持牢固。架子顶上横排两行细竹杆或秸秆，用绳绑在铁丝上。然后，在每株栝楼旁插两根小竹竿，上端捆在架子顶部横杆或铁丝上，将茎蔓牵引其上，用细绳松松捆住。

（5）打顶疏枝：上棚的主茎长至 2～3 米时要打顶，以促进侧枝生长，使茎蔓尽早封棚。封棚后要根据生长状况合理打顶、摘芽和疏枝，使架上枝条分布均匀，不致挤压。

（6）人工授粉：以收获栝楼皮和栝楼仁为目的时，在植株开花时，要进行人工授粉。在栝楼行间或架子旁，按雌雄株 6∶1 的比例配置雄株。于花期，在早晨八、九时，用毛笔蘸取雄花粉，逐朵涂抹到雌花的柱头上，使大量的雄花粉进入柱头孔内，待子房膨大至黄豆粒大小时，即可检查出人工授粉的效果。

（7）防寒越冬：在寒冷地区，于封冻前结合中耕除草，于植株根际周围，施入适量厩肥或堆肥。然后将上部茎蔓收下挽成1圈盘在地上，并用草覆盖其上，以防冻害，开春后再牵引上架。在南方种植的植株虽能露地越冬，但冬季也应施肥培土。

病虫害防治

病害　主要有根结线虫病和根腐病。

1. 根结线虫病：危害根部，拔起病株，根部有许多大小不等的瘤状物，用针挑开可见白色雌线虫。致使病株矮小，生长发育缓慢，叶片退绿发黄，最后全株枯死。防治方法：①早春深翻土地，曝晒土壤，杀灭病源；②块根栽种前，用50%辛硫磷乳油200倍液浸渍1小时；③整地时，每亩用熟石灰适量均匀撒于畦内，深翻2遍，使石灰土壤混匀。

2. 根腐病：主要症状为根部变黄，根断面有黄褐色斑，严重时块根变褐腐烂。轻时地上部症状不明显，严重时萎蔫枯死。防治方法：①忌连栽，与禾本科作物实行10年以上轮作；②做好守瓜虫和根结线虫病的防治。③发现病株及时除去并用石灰消毒病穴。

虫害　主要有守瓜及蚜虫。

1. 黑足守瓜：以幼虫为害根部，长大后蛀入主根，成虫咬食嫩芽嫩叶，造成叶片有孔洞或缺刻，严重时叶片全部吃光。防治方法：①利用它的伪死性在清晨进行人工捕捉；②在成虫发生期用2.5%速灭杀丁乳油3 000倍液喷雾；③在幼虫期用50%辛硫磷乳油500倍液灌根毒杀防治。

2. 蚜虫：6~7月发生，危害嫩心叶及顶部嫩叶，使叶卷缩，影响生长，严重时植株枯黄致死。防治方法：用40%乐果乳油800~1 500倍液喷杀。

采收与加工

采收

果实：栽后2~3年开始结果。9~10月果实先后成熟，当果实表皮有白粉，并变为淡黄色时，便可以分批采摘。

块根：雄株栽种第3年，霜降前后即可采收，雌株需待瓜蒌收获后采挖。

加工

瓜蒌皮：将摘下的果实从果蒂处剖开成两边，取出内瓤和种子，晒干或烘干即成。

瓜蒌仁：将内瓤和种子放在木盘内，加草木灰，用手反复搓擦，在水中淘净内瓤，晒干即成。

天花粉：将块根挖出后除去泥土及细根，用玻璃片或瓷片刮去外层皮，截成段，纵剖为2瓣或4瓣，晒干后即成。

（撰稿：贺红）

三十九、高良姜

高良姜，别名良姜、小良姜、海良姜等，商品名为高良姜，以干燥根茎入药，有温胃散寒、消食止痛的功效。也为一种药食兼用的常用中药材。

植物形态与适生环境

高良姜为姜科多年生草本植物。植株高40～100厘米，丛生、直立；根茎横走，圆柱形，棕红色或紫红色；叶互生，二列，叶片为狭线状披针形，先端渐尖，基部渐狭，全缘或具不明显的疏钝齿，叶两面光滑，叶鞘开放抱茎，叶舌长达3厘米，膜质，棕色；总状花序顶生，花萼筒状，棕色，花冠管呈漏斗状，唇瓣卵形，白色而有红色条纹；蒴果球形，不开裂，成熟时橘红色，内有多数具钝棱角的棕色种子。

高良姜喜温暖湿润的气候环境，耐干旱，怕涝浸。在主产区广东省徐闻县，年平均气温23.3℃，年降雨量为1 100～1 803毫米，生长良好，不适应强光照，要求一定的荫蔽条件。对土壤要求不严，以土层深厚、疏松肥沃富含腐殖质的红壤或砂质壤土为佳。

高良姜野生于热带、亚热带的缓坡草地或低山丘陵的灌木丛中。在我国主要分布广东、广西、云南、台湾等。高良姜栽培以广东省徐闻县面积大，产量高，质量好。

栽培技术

育苗

1. 育苗地：宜选择具有一定的荫蔽条件的山坡、溪边或灌木丛中，要求排灌方便、土壤肥沃的缓坡地段。

2. 育苗方法：用种子和根茎繁殖。

（1）种子繁殖

选种：选择果粒大、饱满、味浓产量高的无病虫害的植株为留种母株。

采种及种子处理：在 8～10 月果实成熟时，即果皮由绿变黄色时分批采收，选粒大、饱满、呈红棕色而无病虫害的鲜果，堆放在室内约 7 天，用细沙除去果皮，洗净除去粘质，淘出种子，便可作种。

播种期：随采随播，一般在秋季，8～9 月上旬为好。

播种方法：在整好的苗床上，以 10 厘米的行距开浅沟条播，将处理好的种子均匀撒在沟内，覆土后盖草，浇水保湿。约 20 天后种子发芽。一般育苗需半年后，才可种植。

（2）根茎繁殖

选择根茎：选 1～2 年生粗壮、带 5～6 个芽、无病虫害、较肥硕的嫩根状茎，高良姜有两个栽培种，产区多用“牛姜”作种，剪成长约 15 厘米的小段，每段 2～3 节。

根茎繁殖季节：春秋两季。

根茎繁殖方法：在整好的土地上，按株行距 30×25 厘米开穴种植，每穴种 2 段，覆土后稍压实，浇定根水。每亩用根茎约 80 公斤。

3. 育苗地管理

（1）遮荫：种子发芽后，及时揭去盖草，并适当搭设荫棚。

（2）间苗：当苗长出 3 ~6 厘米时，去弱留强，使株间距为 4 厘米。

（3）施肥：幼苗出土后，施稀人粪尿水，或以 0.5 公斤尿素加水 100 公斤混合施入，追施草木灰，入冬前则可施腐熟的猪牛粪以提高幼苗的耐寒能力。

（4）淋水：播种后，根据天气情况，可适当浇水，以保持湿润。

（5）除草：及时拔除杂草。

种植

1. 种植地：宜选排灌方便、土壤肥沃疏松的坡地或缓坡地进行种植。也可在防护林下，或果木林下种植。

2. 种植时间：宜在 3 ~4 月的晴天早晨或阴雨天进行。

3. 种植密度：株行距 50 ×75 厘米。

4. 种植方法：整地，先把杂草灌木除净，深翻 30 厘米以上，拾净石块、树根、草根，让土壤熟化，每亩施入 2 000 ~2 500 公斤的腐熟的农家肥作基肥，不需作畦。按株行距开穴，穴的规格为 40 ×40 ×30 厘米。当种子苗高 10 厘米以上时出圃定植，每穴种 2 株幼苗，或每穴种 1 个根状茎，芽头向上，边放边填土，种后覆土压实。

5. 种植地管理

（1）除草、浇水：前期除草 2 ~3 次，封行后夏秋各除 1 次。干旱时浇水或灌溉，以保持土壤湿润，促进植株分蘖和根茎生长。

（2）间作、混交：可在芒果林下间种，也可与菠萝、红薯等作物混交。

（3）追肥、培土：种植后约 50 天施稀薄人畜粪水肥。植株封行后追 1 次复合肥，每亩 20 ~25 公斤。在植株周围结合松土进行培土，或在秋末冬初结合清园用土杂肥和表土培壅在植株基部，对促进生长，加速萌发有利。同时每亩施 3 000 公斤的农家肥。

病虫害防治

病害

主要有烂根病，多发生在高温季节。防治方法：用0.2～0.4波美度石硫合剂灌根防治。

虫害

主要是钻心虫和卷叶虫，为害嫩叶和茎尖。防治方法：用40%乐果乳油1 000倍液喷杀。

采收与加工

采收 高良姜种植4年后可收获，但5～6年产量更高，质量更好。夏末秋实挖根茎，选择晴天，先割除地上茎、叶，然后用犁深翻，把根状茎逐一收集。

加工 将收获的根茎，去泥土、须根及鳞片，把老根茎截成5厘米的段，洗净，切段晒干。在晒至六、七成干时，堆在一起闷放2～3天，再晒至全干，则皮皱肉凸，表皮红棕色，质量更佳。

（撰稿：丁平）

四十、益　智

益智，别名益智仁，商品名为益智，以干燥成熟果实入药，有温脾止泻摄唾、暖肾固精缩尿的功效。是我国四大南药之一，也是出口药材之一，为海南省传统药材中的拳头商品。

植物形态与适生环境

益智，为姜科多年生草本植物。植株高 1 ~ 2 米，茎直立，由茎基部萌发很短的根茎，自上抽笋，形成丛生的植株群体；叶两列互生，具短柄；叶片长披针形，先端尖，基部较宽，叶缘有细齿，叶面深绿色，两面光滑无毛，叶舌膜质；总状花序顶生，花唇形，唇瓣倒卵形，白色，中间有淡红色脉纹；蒴果椭圆形或近圆形，熟时淡黄色，种子形状不规则，棕黑色。

益智喜温暖，年平均温度为 24 ~ 28 ℃最适宜，20′℃以下则不开花或不完全开花，10 ℃以下则开花结果受到严重影响，不散粉，不能实现受粉而造成落花落果，低于 20 ℃则落果严重。喜湿润的环境，要求年降雨量为 1 700 ~ 2 000 毫米，如花期雨量过多，对开花结果不利，易造成落花、烂花现象，影响幼果形成。空气相对湿度为 85% ~ 90% 之间，土壤湿度在 25% ~ 30% 左右最适宜植株生长。益智是一种半荫生植物，一般需荫蔽度为 30% ~ 50%。要求土壤疏松、肥沃、排水良好、富含腐殖质的森林土、砂质土或壤土。

栽培技术

育苗

1. 育苗地：宜选疏松、肥沃、排水良好的砂质壤土，深翻细耕，施足基肥，作宽 0. 8 ~ 1. 2 的畦。

2. 育苗方法：用种子繁殖和分株繁殖。

（1）种子繁殖

选种：选择充分成熟的粒大、饱满，无病虫害的、味浓、产量高的植株为留种母株。

采种及种子处理：在 5 ~ 6 月果熟时，摘下鲜果，堆放 3 ~ 5 天，剥去果皮，把种子和等量的细沙再加 30% 的草木灰混在一起搓去果肉，淘出种子，益智种皮坚实而含有腊质，播种前需浸于冷水 1 ~ 2 小时，然后放入 40 ℃的温水中浸 20 分钟，捞出再浸于冷水中约 20 ~ 24 小时，取出后铺在沙床上催芽，注意淋水，保持沙床湿润，约 10 ~ 15 天种子开始萌动，当出现白色小根点时即可取出育苗。

播种期：于 2 月上旬至 3 月上旬，待催芽后大量发芽时，即行播种，播后 10 天即可出苗。

播种方法：在整好的苗床上按行距 15 厘米开小沟，沟宽约 5 厘米，沟深不宜超过 2 厘米，每隔 5 厘米播种子 1 粒，播后覆土，盖草淋水。约 15 天即可出苗。育 1 亩苗可供栽 10 亩地。

（2）分株繁殖

分株苗选择：选取 1 ~ 2 年生，茎粗壮、无病虫害、叶浓绿的未开花结果分蘖株作种（或用野生植株移植）。

移植季节：6 ~ 8 月采收果实后，阴雨天或晴天的清晨或傍晚进行。

栽植方法：采挖种苗时应把地下茎带分芽从母株分离出来，勿伤根壮茎，适当修剪叶片和过长的老根，新芽整个留着。每穴栽 4 ~ 5 株，种植深度略高于原来生长的痕迹，覆土不宜过深，以免影响分蘖，种后压实穴土。

3. 育苗地管理

（1）搭设荫棚：苗期需搭设荫棚，避免阳光直射。

（2）除草：需经常除草、松土。

（3）施肥：当幼叶展开后，进行第 1 次追肥，此后每隔 10 ~ 15天施肥 1 次，初时用稀尿水，此后逐渐加浓。

（4）移苗：种子育苗较慢，约需 10 个月的培育，待苗高 25 厘米以上时，分蘖芽有 3 ~ 5 个时便可移到大田种植。

种植

1. 种植地选择：宜选择具有一定荫蔽条件的河沟边、溪旁、山谷或坡度在 25 ℃以下的山林地带。翻耕土壤后开穴，穴的规格为 40 × 40 × 30 厘米，穴中适当施腐熟的牛栏粪 5 公斤，和表土混合。在海南岛常栽在橡胶林下。

2. 种植密度：株行距 1.5 × 1.5 或 1.5 × 2 米。

3. 种植时期：一般在雨季、阴雨天进行。

4. 种植方法：选健壮植株，整丛挖起，剪去部分叶片，留短秆和根状茎进行定植，少于 3 个芽的每穴植 2 丛。定植时不宜过深，轻压后再覆土与穴面平。淋定根水，以保成活。一般每亩植 200 ~ 220 丛。

5. 种植地管理

（1）灌溉排水：在干旱季节要适当淋水，保持土壤湿润，特别是花果期，如遇干旱易引起落花落果。遇暴雨则应及时排水。

（2）除草松土：果实采收后，以及开花结果前各除草 1 次，松土宜浅，以免损伤根状茎和嫩芽。

（3）追肥：一般可在松土后进行，植后第 1 年为了促进植株多分蘖，应多施氮肥，第 2 年为促进开花结果，应以磷钾肥为主，第 3 年进入花果期，7 ~ 8 月施催芽壮株肥，次年 1 月施足有机肥与磷钾混合肥，以促进花芽分化及花的形成与发育。

（4）保果：在花苞开放期，于下午或傍晚喷射 0.5% 硼酸或 3% 过磷酸钙溶液，能提高其稔实率和结果数。

（5）修剪：割除已结果实的分蘖株和病株，减少养分消耗，促进新芽生长，增加能开花结果的植株。另外，还要剪去 3 ~ 7 月这五个月中生出的新发芽所形成的枝条，因为它们既赶不上明年的开花期，又等不到后年的开花季节就已枯老，影响产量。

病虫害防治

病害　主要有立枯病、叶枯病、根线结虫病。

1. 立枯病：幼苗叶片或叶鞘初期出现褐色近圆形小斑点，继而病斑不断扩大形成不规则的褐色大斑块，最后病斑蔓及全叶及所有叶片直至整株变褐枯死，枯叶下垂呈立枯症状。在土壤湿度大或遇连阴雨时易形成。防治方法：①苗床应设在地势较高，排水良好的地方；②若土壤过湿，则开沟松土，加速水分蒸发；③剪除病叶，集中烧毁；④用 1∶1∶100 倍的波尔多液或波美度为 0.2 ~ 0.5 石硫合剂喷射，每隔 7 ~ 10 天喷 1 次，连续 2 ~ 3 次。

2. 叶枯病：老叶先发病，病菌多从叶尖、叶缘侵入。病斑大，不规则，边缘红褐色，中央灰褐色，有同心轮纹及散在大量小黑粒，病斑外圈有明显的黄晕。防治方法：①清除落叶，适当遮荫；②用 1∶1∶100 倍波尔多液喷洒；③每亩 80% 二溴氯丙烷乳剂 3 公斤兑水 100 公斤，开沟施下，覆土。

3. 根线结虫病：病原线虫侵入根部后，刺激根过度生长，形成大小不等，形状不规则的瘤状根瘤。防治方法：①土地不宜连作，种植前翻土暴晒；②清除病根，铲除杂草；

虫害　主要有益智弄蝶、益智秆蝇、地老虎和大蟋蟀。

1. 益智弄蝶：土名叫“苞叶虫”，主要为害叶片，先将叶片作成卷筒状的叶苞，后在叶苞中取食，使叶片呈缺刻或孔洞状。防治方法：①人工摘除卷叶；②幼虫发生时用 90% 敌百虫稀释 1 000倍液喷杀，每隔 7 天 1 次，连续 2—3 次。

2. 益智秆蝇：土名叫“蛀心虫子”，成虫把卵散产于叶片上或叶鞘附近，幼虫孵化后，从叶梢侵入取食，心叶被害后再转移到其他植株继续为害，受害植株形成空心。防治方法：用敌百虫稀释 1 000 倍液防治。

3. 地老虎、大蟋蟀咬幼苗；稻包虫、蝗虫和金龟子危害叶片。防治方法：①采用毒饵诱杀或人工捕捉；②用 40% 乐果乳剂喷洒。

采收与加工

采收　5 ~6 月间果实呈淡黄色，种子呈棕褐色，具辛辣味，果皮茸毛减少时，剪下果柄。

加工　将采收的果实，充分晒干，若遇阴雨天，宜及时用低温（一般不宜超过 40 ℃）烘干。

（撰稿：丁平）

四十一、黄皮树（黄柏）

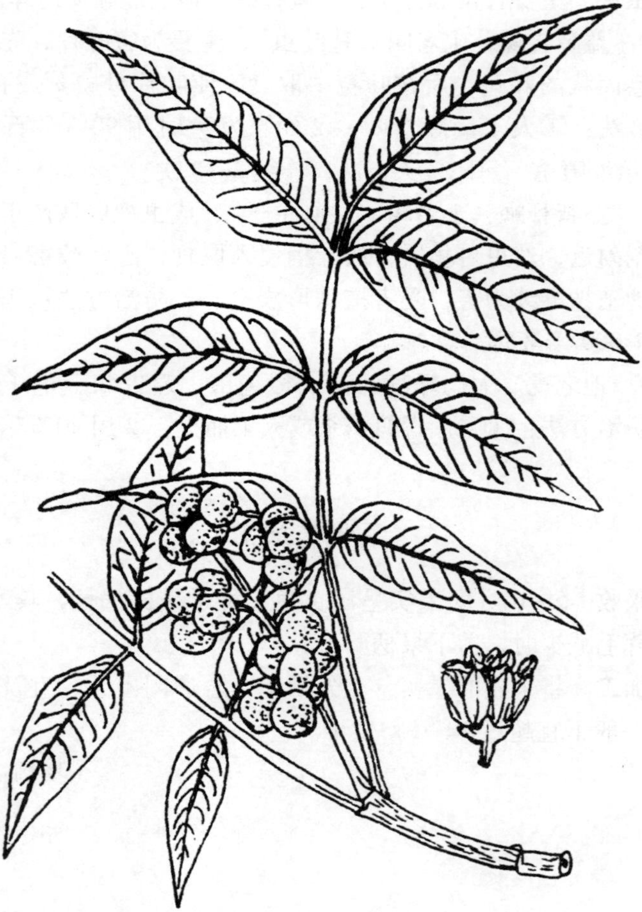

黄皮树，又名川黄柏、关黄柏，商品名黄柏。以干燥树皮入药，为我国传统的常用中药。应用历史悠久，且药用历来紧缺。近年来，出口量大增，在国内外药材市场享有盛誉。

植物形态与适生环境

黄柏的原植物有黄皮树，其药材习称“川黄柏”；黄蘖，其药材习称“关黄柏”。

黄皮树是芸香科落叶乔木。高10~15米，树皮淡灰褐色，开裂，内层黄色，具深纵裂，有黏性；叶对生奇数羽状复叶，小叶柄极短，小叶7~15枚，矩圆状披针形或矩圆状卵形，密被短柔毛；圆锥花序顶生，花单性，雌雄异株，黄绿色；果轴与果枝粗大，浆果肉质，圆球形，密集成团，熟时紫黑色，果内有种子5~6粒，种子卵状长圆形或半椭圆形，褐色或黑褐色。花期5~6月，果期7~9月。

黄柏适应性强，在我国南北各地均能生长。南方以黄皮树为主，它性喜凉爽湿润气候，较能耐阴。野生多分布在年均温15~16℃，年降水量1 200毫米，空气相对湿度80%，海拔1 000米左右的避风山谷或山坡的混生阔叶林中，在强烈阳光照射和空旷的环境下生长不良；对水分要求严格，若水分不足，土地干旱，则生长缓慢；水份过多，会导致根系生长不良，植株生长迟缓甚至枯萎；喜深厚肥沃，湿润，腐殖质含量多的土壤。

黄皮树主产于贵州、四川、湖北、广西、广东等省区。粤北和河源地区有分布和栽培，尤以连南面积最大，但历史习惯以连县东坡产者为佳。黄蘖主要分布于黑龙江、辽宁、吉林等省区。

栽培技术

育苗

1·育苗地：宜选地势平缓、肥沃湿润的砂质壤土，播种前深耕土地，每亩施厩肥2 500~3 000公斤作基肥，使土壤松碎并与基肥混匀后，作成高20厘米，宽100厘米的畦，待播种。

2. 育苗方法：多采用种子繁殖，也可用扦插繁殖。

（1）种子繁殖

选择：选择10年生以上未剥过皮、生长健壮、无病虫害的植株作采种母株，加强管理，保证多开花结实。

采种及种子处理：南方于 10 ~ 11 月，果实由青绿色变成紫黑色时进行采收，采回后，堆放在屋角或木桶内盖上稻草，10 ~ 15 天待果皮果肉腐烂后，取出放竹箩内揉搓脱粒，再在清水中淘洗，除去果皮果肉，把种子冲洗干净，阴干，置干燥通风冷凉处贮藏备用。若在来年春季播种，则将新种与含水 20% 的湿沙混拌，埋入地下约 30 厘米深的坑内，到春季取出播种较好。

播种期：分春播和秋播，春播在 2 ~ 3 月，宜早不宜迟，秋播在 11 ~ 12 月。

播种方法：在整好地的苗床畦面上，按行距 25 ~ 30 米开播种沟，沟深约 3 厘米，宽约 10 厘米，把种子均匀撒入播种沟内，每亩用种子量 2 ~ 3 公斤，盖细土 1 ~ 1.5 厘米，最后用草或树叶覆盖畦面，播种 40 ~ 50 天后，幼苗陆续出土。

（2）扦插繁殖

插条的选择与截取：选健壮无病虫害的枝条，剪成长约 15 厘米的插穗，留 1 片叶，其余剪去，插穗下部削成马耳形。

扦插季节：5 ~ 6 月高温，多雨季节扦插为好。

扦插方法：按行距 20 厘米，株距 10 厘米，斜插于苗床，地面露 1 节，盖土淋透水，用树枝叶或芼草遮荫。

3. 育苗地管理

（1）淋水灌溉：播种后应注意浇水，使土壤保持湿润，以利于发芽。至 7 月底苗木郁闭后，根系入土较深，耐旱力增强后，就可以不再浇水。

（2）揭草间苗：待幼苗出土，扦插苗生根后，揭去畦面上的盖草或遮荫物。苗齐后，在生长较密处间拔弱苗和过密苗，第 1 次在苗高 7 ~ 10 厘米时，每隔 3 ~ 4 厘米留 1 株，第 2 次在苗高 17 ~ 20厘米时定苗，株距 7 ~ 10 厘米留苗 1 株。

（3）中耕除草：根据土壤是否板结和杂草的多少，适当中耕除草，一般在播种后，至出苗前，中耕除草 1 次，出苗后至郁闭前，中耕除草 2 次。

（4）施追肥：每次间苗或中耕除草后施追肥，每次每亩施人畜粪尿 1 500 ~ 2 000 公斤，施入播种沟内。夏季在封行前，可施

1 次厩肥，每亩用量 2 500 公斤。

种植

1．种植地：选择土层深厚、肥沃、湿润的避风地带进行带垦或穴垦，穴的规格为 50×50×40 厘米，每穴施厩肥 5～10 公斤作底肥，与表土混匀。并可结合造林，与其他乔木或灌木混交，以借助伴生树种的保护。

2．种植时间：一般在每年冬末春初，植株尚未萌发新芽前移栽定植。

3．种植密度：定植的株行距 2×2 或 2×2.5 米，每亩 120～150株左右。

4．种植方法：选取 1～2 年生，苗高 35～70 厘米的苗，起苗可不带土，但尽力少伤根系。也可带土挖出，如掘伤根皮，可将损伤处剪去，移植时，剪去根部下端过长部分，每穴栽苗 1 株，栽后填土，填土一半时，将苗轻轻上提，使根部展开，再填土至平，逐层压紧，然后灌水，盖上松土。

5．种植地管理

（1）浇水：种植后，若遇天气干旱，注意淋水，保证成活。

（2）中耕除草：在种后头 2～3 年内，每年夏秋二季各进行 1 次中耕除草，并在植株周围松土，将铲除的杂草压入穴内作肥料。

（3）施肥：入冬以前施 1 次肥，每株开环沟施下厩肥 8～10 公斤。

（4）间作：在幼林抚育期间，每年在行间间种当地适宜的短小农作物或短期收获药材。

病虫害防治

病害

锈病：发病初期，叶上出现黄绿色近圆形斑，边缘有不明显小点，发病后期，叶背有橙黄色微突的小疱斑，疱斑破裂后，散出橙黄色孢子，使叶上病斑增多，可致叶片枯死。一般 5 月中旬发生，6～7 月为害严重，时晴时雨有利于发病，防治方法：发病期喷波美0.2~0.3度石硫合剂，或25%粉锈宁700倍液，每隔7~10天喷1次，连续2~3次。

虫害 主要有凤蝶、地老虎、蛞蝓。

1. 凤蝶：在5~8月幼虫吸食黄柏的叶子，造成刻缺或孔洞，严重时将叶片吃光。防治方法：①在凤蝶的蛹上曾发生大腿小蜂和另一种寄生蜂寄生。因此，在人工捕捉幼虫和杀蛹时，把蛹放入纱笼内，保护天敌。使寄生蜂羽化后，能飞出笼外继续寄生，抑制凤蝶的发生；②幼虫期喷90%固体敌百虫1 000倍液，每隔5~7天1次，连续2次；③在幼虫三龄以前喷青虫菌300倍液，每隔10~15天1次，连续2~3次。

2. 地老虎：主要有小地老虎及黄地老虎为害幼苗，防治方法：①人工捕杀，加强田间管理，清除枯枝杂草，集中深埋或烧毁；②在植株周围开沟撒入毒饵诱杀，毒饵一般用麦麸炒香，用90%固体敌百虫30倍液将其伴湿或用50公斤鲜草，切3~4厘米长，直接用50%辛硫磷0.5公斤湿拌，于傍晚撒在黄柏树的周围诱杀。

3. 蛞蝓：是一种软体动物，成、幼虫舔食叶、茎和幼芽。防治方法：发生期用瓜皮或疏菜诱杀，或喷1~3%石灰水防治。

采收与加工

采收 川黄柏定植10年后便可采收，采收时间宜在5~6月，此时树身水份充足，比较容易剥皮。（详参阅“杜仲”环剥法）。

加工 剥下的树皮趁鲜刮去粗皮至黄色为度，在阳光下晒至半干，重叠成堆，用压板压平，再晒干。

（撰稿：钟小清）

四十二、黄 精

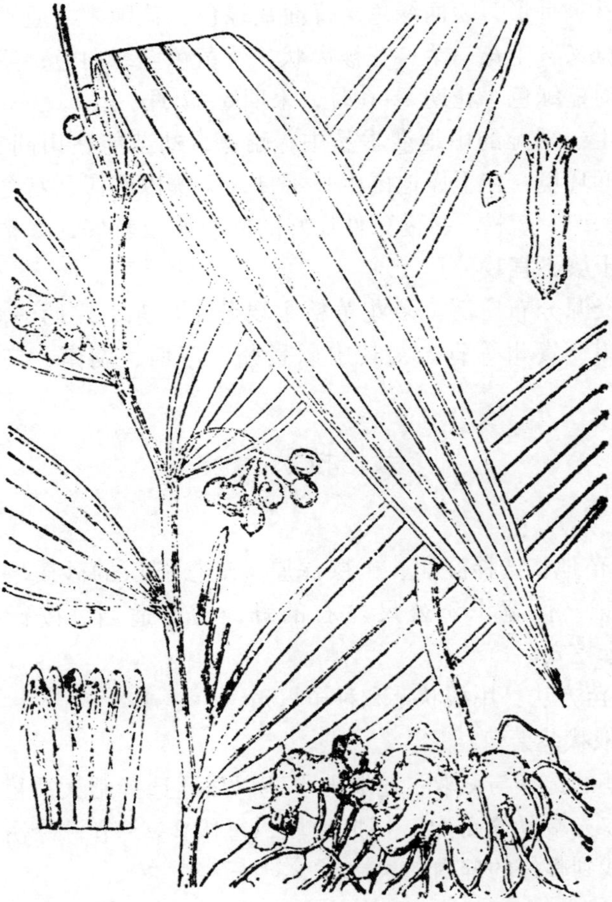

黄精，别名姜形黄精、鸡头黄精，商品名黄精。为常用中药，以干燥根茎入药。具有补气养阴，健脾，润肺、益肾等功效。应用历史悠久。

植物形态与适生环境

黄精为百合科多年生草本。多花黄精植株高 30 ~ 120 厘米。根状茎横生增厚，连接而成连珠状，茎圆柱状，常向一边倾斜，光滑无毛，具条纹或紫色斑点；叶互生，无柄或几无柄，叶片椭圆形、卵状披针形，表面绿色，背面灰绿色；花腋生，通常由花柄顶端 2 分叉各生花一朵；花被筒状，淡黄色至绿白色；浆果球形，成熟时蓝绿色。花期 5 ~6 月，果期 6 ~7 月。

黄精生于阴湿的山地灌木丛中，耐寒，幼苗能在田间越冬；喜阴凉湿润环境，在干燥地区生长不良；土壤以肥沃、富含有机质、土层深厚、疏松、排灌条件良好的砂质壤土较好，太粘或太旱的瘠薄土壤不宜栽种。

黄精资源分布广泛。多花黄精主要分于广东、广西、湖南、湖北、四川、贵州等省区，其中以贵州、广西、湖南、广东产量大。

栽培技术

育苗

1. 育苗地：选择湿润、土层深厚、疏松肥沃的砂质壤土为佳，深耕耙，作宽 1.3 公尺左右的畦，沟深适当。按行株距 15 ×25厘米挖穴。

2. 育苗方法：用根状茎和种子繁殖。

(1) 根状茎繁殖

根状茎的选择与截取：挖取地下茎以后，选择肥大、粗壮的根茎，截取先端幼嫩部分，切成数段，每段 2 ~3 节，待伤口稍晾干后，栽到整好的畦内。

种植时间：在 10 月上旬或 3 月下旬前后进行种植。

种植方法：按行距 20 ~25 厘米，开 6 厘米深的沟，将根茎按株距 10 ~15 厘米平放于沟内，覆土 3 ~5 厘米，稍加镇压并浇水，以后每隔 3 ~5 天后浇水 1 次。秋末栽种的，于上冻后盖一些牲畜肥或圈肥，以利于保暖越冬，第 2 年化冻后，将粪块打碎，搂平，出苗前保持土壤湿润。

（2）种子繁殖：生产上主要用于选育优良品种。

选种：选择植株健壮、无病虫害、开花结实多的留作母株，并加强管理。

采种及种子处理：8 月种子成熟时，采收浆果，揉碎果皮，取出种子，立即进行砂藏处理，种子 1 份，砂 3 份，混合均匀，在背阴处挖 30 厘米深的坑，将拌匀的种子放入坑内，保持经常湿润；待第 2 年 3 月下旬筛出种子，选择其中粒大饱满的种子，播种到整好的畦内。

播种时间：在每年 3 月下旬，天气较好时播种，在 15 ~ 27 ℃条件下，经过 16 ~ 18 天培育，开始萌发长根。

播种方法：按株行距 12 × 15 厘米开浅沟，将种子均匀撒播到沟内，覆土 1.5 厘米，稍压后浇水，盖一层草，出苗前去掉盖草。

3．育苗地管理

（1）浇水：经常浇水，保持土壤湿润，以利于出苗。

（2）搭荫棚：幼苗期更要注意搭荫棚，以防强阳光。

（3）中耕除草：幼苗期要注意中耕除草，使土壤疏松，并除去杂草，以利于幼苗生长。

（4）防寒过冬：秋末种植的黄精，上冻后可在畦上盖一层柴草或粪土，以防冻伤。

（5）间苗与培土：当苗高 4 ~ 6 厘米时，在幼苗过密处适当间苗。在必要时可顺行培土，以利于根茎的生长。

种植

1．种植地：宜选择地势略低（不能积水）荫蔽潮湿的地方种植，土壤要求疏松肥沃，富含腐殖质的砂质壤土。先把种植地深翻，施入腐熟的有机肥、如厩肥、堆肥，垃圾肥、人畜粪尿水等，拌匀沤制后作基肥。

2．种植时间：种子苗宜在 3 月下旬进行。此时土温回升，雨量充足，有利于成活。根状茎一般在 9 ~ 10 月间栽植为好。

3．种植密度：株行距 15 × 25 厘米。

4．种植方法：挖取 1 年生种子苗、高 7 ~ 10 厘米的幼苗，最好是带土移栽，以利于成活。根状茎栽于沟内，沟深约5厘米，每穴栽1段，覆土3～4厘米，压实，不能脚踩，盖火烧土至穴面平。栽后淋水定根，并保持土壤湿润。

5．种植地管理

（1）浇水：干旱时需及时浇水，以防苗枯叶黄。

（2）中耕除草：要经常中耕除草，并适当顺行培土。

（3）施肥：施饼肥50～75公斤，分2次施下，以后每年春天每亩施圈肥1 000～1 500公斤。

病虫害防治

病害

黑斑病：5月开始发病，危害叶片。发病初期，叶片从叶尖出现不规则黄褐色斑，与未发病部位的交界处有紫红色边缘，然后病斑向下蔓延，雨季则更严重，发病叶片枯黄。防治方法：①收获时清园，消灭病残体；②发病前与发病初期，开始喷1∶1∶100波尔多液或50%退菌特1 000倍液，每7～10天1次，连续数次。

虫害　主要是蛴螬与地老虎。

1．蛴螬：又名“白蚕虫”，主要为害黄精的幼苗及根状茎。防治方法；参阅“玉竹”的病虫害防治。

2．地老虎：为害黄精的嫩茎，把黄精苗基部咬断，造成倒伏，同时也为害根状茎。防治方法：参阅“玉竹的病虫害防治”。

采收与加工

采收　用种子繁殖的3～4年收获，根状茎繁殖的2～3年收获，一般在冬末春初地上部分茎杆枯萎后收获。刨出后，抖净泥土，除去须根和烂疤，洗净。

加工　将洗净的黄精较大者可酌情分成2～3段，置蒸笼中或木甑中蒸12小时，当黄精表面呈现油润时，取出晒干或烘干（无烟或微火）。或置水中煮沸后，捞出晒干或烘干。以蒸法为佳。

（撰稿：钟小清）

四十三、菊（菊花）

菊，商品名菊花，以干燥的头状花序入药，为我国传统常用中药。有 2 000 多年的应用历史，除药用外，还用作泡茶，是一种典型的药茶两用品。由于产地、加工方法不同，分别称为茶菊、黄菊、亳菊、滁菊、贡菊、怀菊、杭菊等。公元 800 年就输出日本，是国内外药材市场的重要商品。

植物形态与适生环境

菊为菊科多年生草本植物。植株高 60～150 厘米．全株被白色绒毛；单叶互生，叶片卵形或长卵形，边缘羽状深裂；头状花序顶生或腋生；总苞半球形，绿色，被毛；舌状花生于花序边缘，舌片白色或黄色，管状花位于花序中央，黄色；瘦果矩圆形。花蕾期在 9 月下旬，花期 10～11 月。

菊为短日照植物，在短曰照下能提早开花，喜阳光，忌荫蔽；喜温暖，能耐寒，严冬季节根茎能在地下越冬，花能经受微霜，但幼苗发育需较高的气温：喜湿润，干旱天气植株分枝少，但水分不宜过多，否则易烂根，一般苗期至孕蕾期宜湿润，花期宜稍干燥；对土壤要求不严，以排水通气良好的砂质壤土为佳，低洼易涝、树荫处不宜栽种。

主产于安徽、浙江、河南、四川、广东等省。我国在十七世纪就开始栽培，广东吴川、澄海、连县有栽培。

栽培技术

育苗

1．育苗地：宜选平坦、排水良好的壤土或砂质壤土，翻耙，施圈肥每亩 4 000 公斤，使土肥混合均匀，耙细整平，作畦。

2．育苗方法：扦插、分株繁殖。

（1）扦插繁殖

插条选择与截取：截取无病虫害而健壮开花多的新枝作为插条，长 10～13 厘米，随剪随插。

扦插季节：随品种特性和各地的气候条件而定，白菊、黄菊和滁菊一般在 4 月下旬扦插，亳菊在 4 月下旬至 6 月上旬均可扦插。

扦插方法：扦插时，先将插条下端 5～7 厘米内的叶片全部摘去，上部叶片保留，将插条下端剪成斜切面，斜面口蘸满黄泥浆，按株行距 8×12 厘米，插入土中，顶端露出地面 3 厘米左右，浇透水，覆盖一层稻草，20 天左右生根。

（2）分株繁殖：一种是在收割菊花的田间，将选好的种菊用肥料盖好，以保暖过冬，防止冻害。到翌年 4～5 月，发出新芽时，便可进行分株移栽。分株时，将菊花全棵挖出，轻轻震落泥土，然后将菊苗分开，每株苗应带有白根。将过长的根及苗的顶端切掉，根保留 6～7 厘米长，地上部分保留 16 厘米长。另一种方法是菊花收割后挖出部分根，放在一处或沟内摆开，上盖细土 6 厘米，再盖些草及树叶，以保护过冬，翌年 4 月上旬后取出栽种。

3．育苗地管理

（1）淋水排涝：幼苗期要求土壤湿润，干旱时要注意及时淋水。菊花怕涝，雨季要注意排涝，以防止烂根。

（2）中耕除草：中耕不宜过深，防止伤根，要勤锄杂草，以防杂草淹没幼苗。特别是大雨之后，为防止土壤板结，要进行 1 次浅中耕。

（3）防寒过冬：冬季在留种的菊花上部盖一些草及树叶等，以防止冻伤，从而顺利过冬。

（4）打顶：在幼苗移栽前一星期，高约 33 厘米时，摘去主干顶芽。

种植

1．种植地：宜选地势高燥、排水良好、向阳的避风地段。施足基肥，翻耕 2 次，耕平作畦，畦宽 1～1.2 米，高 25～30 厘米，畦沟宽 30 厘米。忌连作。

2．种植时间：白菊、黄菊、滁菊宜掌握 40 天的秧龄，于 5 月下旬至 6 月上旬移到大田。亳菊于 5 月下旬至 7 月下旬移栽，宜选阴天或晴天傍晚进行，雨天或雨后过湿时不宜种植。

3．种植密度：6 月中旬以前移栽，按行株距 40×40 厘米，每亩栽 3 300 株；7 月上中旬移栽按行株距 33×26 厘米，每亩栽 5 500 株左右。

4．种植方法：在移栽前，先将苗床浇透水，起苗时，带土移栽，如遇连续雨天，秧龄已到，可将菊苗的头剪掉，推迟几天种植。

5. 种植地管理

（1）合理施肥：菊是喜肥作物，但前期氮肥不宜多，防止徒长，后期倒伏或易染病减产。肥料集中于中后期用，施肥分3次，第1次在幼苗移栽成活后，每亩施堆肥1 500公斤，稀人粪尿250～400公斤。第2次在植株开始分株时施入腐熟的蚕沙粪，每亩750～1 000公斤，稀人粪400公斤，并结合培土。第3次在菊花现蕾时，每亩重施过磷酸钙25～30公斤，人畜粪水1 500～2 000公斤，促进多结蕾开花，施肥时不要沾在茎叶上，以免灼伤菊株。

（2）中耕除草培土：雨后转晴，土壤板结，杂草容易滋生，要及时除草松土。菊花是浅根性植物，中耕不宜过深，宜浅松表土3～5厘米，一般中耕2～3次，第1次在移栽后10天左右，第2次在7月下旬，第3次在9月上旬。雨后中耕，应同时培土。

（3）适时打顶：宜选晴天分次进行，第1次在植株抽出3～4个新枝时，摘去新枝顶芽。第2次在7月上旬前。此外还要摘除疯长的枝条。

（4）抗旱排涝：扦插或移栽时，应淋水以保证幼苗成活。蕾期干旱时应注意浇水；遇雨季应及时清沟排水，防止积水烂根。

病虫害及防治

病害　主要是斑枯病、枯萎病、霜霉病、花叶病毒。

1. 斑枯病：又名叶枯病，植株下部叶片首先发病，严重时病斑汇合，叶片变黑，干枯。雨水较多时，发病严重。防治方法：①在最后1次采花后，割去地上部植株，收集烧毁，减少越冬病源；②选择健壮无病的种苗，培育壮苗；③雨后开沟排水，降低田间湿度，以减轻为害；④发病初期，摘除病叶，并交替喷洒1∶1∶100波尔多液和50%托布津1 000倍液，选晴天在露水干后喷药，每隔7～10天1次，连喷3次以上。

2. 枯萎病：俗称“烂根”，以开花前后严重，受害植株叶片变为紫红色或黄绿色，由下而上蔓延，以致全株枯死。防治方法：①选无病地块的老根留种，不重茬，做高畦，开深沟，排水降湿；②选用健壮无病种苗；③拔除病株，并在病穴中施入生石灰粉。

3. 霜霉病：被害叶片上出现一层灰白色的霉状物，一般于3月中旬菊花出芽后发生，遇低温多雨，流行迅速，植株死亡。防治方法：①实行轮作，选无病菌地块作为种地，选健壮植株作种苗；②种苗用40%的霜疫灵300～400倍液浸10分钟后栽种；③发病期可喷58%瑞霉霉可湿性粉剂500倍液防治。

4. 花叶病毒：发病植株其叶片呈黄绿相间的花叶，对光有透明感，发生为害时间较长，蚜虫为其传播媒介。防治方法：①选抗病的优良品种，及时治蚜防病；②发病后可喷25～50 ppm浓度的农用链霉素液。

虫害 主要是菊天牛、菊小长管蚜、瘿螨。

1. 菊天牛：又名菊虎，成虫将菊花茎梢咬成一圈小孔，并在圈下1～2厘米处产卵于茎髓部，使茎梢失水下垂，易折断。防治方法：①在产卵孔孔下3～5厘米处剪除集中处理；②成虫发生期于晴天在植株及地面喷5%西维因粉，5天1次，喷2次；③清除杂草；④在7月间释放肿腿蜂进行生物防治。

2. 菊小长管蚜：9～10月间集中于菊花嫩梢，花蕾、叶背为害，吸取汁液，使叶片皱缩、枯萎、植株生长不良，花朵变小或减少。防治方法：①忌与菊科植物连作及间套作；②清除杂草、残枝落叶，集中烧毁；③发生期喷40%的乐果乳油3 000倍液，每隔7天1次，连续2～3次。

3. 瘿螨：寄生于叶片上，形成不规则虫瘿，呈现灰白色。一般于3月初到11月中下旬发生，严重时，叶片密布虫瘿。防治方法：①选取健壮的枝条或种苗，并实行轮作；②发生初期未形成虫瘿前，喷40%的乐果乳油2 000倍液喷雾，在9月下旬前结束喷药，确保现蕾开花。

采收与加工

采收 在晴天露水干后或午后采收，不采露水花，菊花开花有先后，一天中展瓣亦有迟早，宜分期采收。杭菊一般分3期采收：头花约占产量的50%；隔5－7天采二花，约占产量的30%；

在二花采后7天左右采三花，占产量的20%。采收时，做到边采边分级，大小花分开，便于加工，保证质量。

加工 杭菊采收后，将黄白色的好花与烂花分开，薄薄的摊晾半天，或在阳光下曝晒2小时，使水分减少，后再加工。加工步骤为上笼、蒸煮、晒干，方法简便，但技术性强，稍有疏忽，就会影响菊花的质量。经蒸煮后的菊花，倒在芦帘或竹帘上晒干，保持色泽洁白，形状完整。

（撰稿：钟小清）

四十四、银杏（白果、银杏叶）

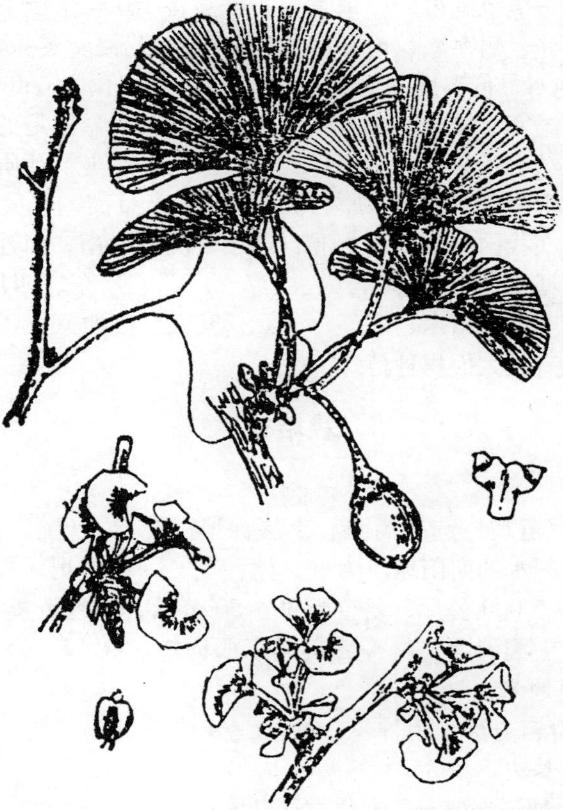

银杏，别名白果树，公孙树，以果实和叶入药。果的商品名白果，叶的商品名称银杏叶，为我国特有树种，素有“活化石”之称。银杏作药用，在我国有数百年的历史。银杏叶是治疗心脑血管疾病的重要制药原料，目前银杏叶已大量出口日本和德国等国家。

植物形态及适生环境

银杏为银杏科落叶乔木。树高可达30～40米，胸围达4米。树枝可分长枝与短枝；叶在长枝上螺旋状散生，在短枝顶端簇生，具长柄，叶片扇形，上缘浅波状，中央浅裂或深裂，叶脉二叉状并列；花单性，雌雄异株，花球状，生于短枝顶端叶腋或苞腋，雄花为葇花序下垂，雌花具长梗，梗端2叉；种子核果状，椭圆形或近球形，成熟时黄色或橙黄色。花期3~4月，果期8~9月。

银杏适应范围很广，垂直分布于海拔1 000米以下。其特点是：喜阳光、耐寒冻、怕炎热、耐干旱、忌涝浸。在平均气温10~18 ℃，绝对最低温度不低于零下20 ℃，年降雨量600~1 500毫米，冬春温寒干燥或温凉湿润、夏秋多雨，阳光充足的地方，生长良好，结实正常；对土壤要求不严，凡酸性土，钙质土及中性土均能正常生长，土层深厚肥沃的环境，产量高，质量好。

银杏在我国分布很广，北自辽宁、沈阳以南，南连广东。主要分布于辽宁、山东、浙江、江苏、广西、广东、四川等省区。目前栽培中心是山东、江苏、浙江、安徽。广西兴安、广东南雄近年来也有较大面积种植。

栽培技术

育苗

1. 育苗地：选择高爽、土层深厚、肥沃、疏松、排水良好且无低洼积水的向阳地段为好，播种前，深耕细耙，每亩施有机肥3 000~5 000公斤，复合肥30~50公斤，混入石灰50~60公斤，进行土壤消毒，整平后筑成东西向畦，高12~18厘米，宽100~120厘米。

2. 育苗方法：用种子、扦插、分株和嫁接繁殖，目前已采用组织培养法。

（1）种子繁殖：主要供嫁接砧木。

选种：在银杏优良品种中选粗壮无病虫害的植株作留种母株，加强管理，保证多开花结实。

采种及种子处理：采集授粉良好、个大、橙黄色、充分成熟的种子，可连皮冬播，如进行春播．则除去外种皮后，砂藏催芽，方法是：用60 ℃温水浸种3~5天，按1∶3的比例，与湿砂混匀，放入挖好的坑内，用砂覆盖好，并保持湿润，待种子破壳露白即播。

（2）嫁接繁殖

砧木的选择：选择 8 ~10 年生、胸径 10 厘米的实生苗，在距地面 1.7 ~2 米处锯断，修平削光，并用刀尖划开长约 6 厘米深及木质部的切缝。

采集接穗：采 30 年生的健壮母株 1 ~2 年生向阳的枝条为接穗，截成长 20 ~25 厘米，具有 2 ~3 个芽。

嫁接时间：春季 3 月上旬至 4 月上旬为好。

嫁接方法：将插穗削成楔形接口，插入砧木的木质部，对准形成层，再用塑料薄膜条包扎紧，并经常保持湿润，成活率可达 95% 以上。

（3）扦插育苗

插条的选择与载取：选当年生继壮无病虫害的枝条，在基部进行环状剥皮，枝条长者可多剥，每段至少有 3 个芽，环剥宽度为 0.2 ~0.3 厘米，环剥后 10 ~15 天伤口愈合后，即可从环剥处剪下，注意不要碰撞已愈合的伤口。可采用生长素处理，有利于提高成活率。

扦插季节：以每年 7 月下旬至 8 月初高温多雨季节扦插为好。

扦插方法：按株行距 5 ×10 厘米，带叶插入砂床，用塑料薄膜搭棚覆盖，注意通风，使棚内温度保持在 26 ~30 ℃内，并喷雾以保持苗床湿润，扦插 50 天即能生根，翌年春可出新芽。

（4）分株繁殖：一般由壮龄雌株母树的根蘖苗中，选留株高约 1 米左右的健壮苗，于 2 ~3 月间移栽，分株时，多带细根，先在苗圃培育，按株行距 50 ×70 厘米开穴，1 穴 1 株。1 年后定植，定植时不宜浇水，以防烂根。

（5）组织培养法：近年我国已用花粉培养及胚轴诱导愈伤组织并分化得到完整植株成功，为大量快速繁殖开僻了新途径。有条件的单位可运用。

3. 育苗地管理

（1）抗旱及排涝：播种后，要适时浇水，经常保持苗床湿润，幼苗期忌水涝，要在地周围开沟排水。

（2）中耕除草：幼苗期要注意经常松土除草，防止土壤板结及杂草淹没幼苗。

（3）施肥：施用草木灰等钾肥，可防苗木茎腐病，或每亩施复合肥40～50公斤。

（4）间苗补苗：当幼苗长到5～7厘米时，注意适当间苗；发现缺株，及时补上，保持苗木互相遮荫，互相依存。

（5）移植：当年生苗高达30～40厘米，翌年移植，2～3年生苗高约60～100厘米时，可出苗定植。

种植

1．种植地：宜选向阳、避风、土层深厚、肥沃疏松、排水良好的林地定植。

2．种植时间：在1月下旬，2月上旬之间进行。

3．种植密度：（1）采果林株行距5×6米或7×8米；（2）供采叶的矮杆林，株行距2×3米或3×4米。

4．种植方法：挖取幼苗，修剪根梢，放在穴中央，填土压紧，浇定根水，定植时，配置总株数1/20的雄株，以利于提高受粉率及产量。

5．种植地管理

（1）排涝：银杏为耐旱树种，积水15厘米，10天后即被淹死，多雨季节需及时排涝。

（2）施肥：每年施人粪尿或猪粪2～3次，春初开始萌动时，施催芽肥，促使多抽芽，抽壮芽；夏季施壮苗肥，促使果实发育，减少落果；秋季叶片脱落时施肥，保护树体防寒过冬，以利于恢复植株生长旺盛。施肥宜距树干60～100厘米，开深约30厘米的放射沟施入，施肥沟每年轮换位置。

（3）修剪：嫁接后4～5年分枝过密的短枝须进行修剪；产量少的母株可截去树项，更新复壮以达增产目的。结果多年的衰老植株也要进行更新修剪。通过修剪使树枝分布均匀，有利于充分利用光能和空间，提高结实。

（4）人工授粉：银杏是风媒花植物，往往授粉不良，造成产量低、不稳定，最好是进行人工授粉，在雌株开花前，取雄花枝条挂于雌株上，采集花粉在露水未干前，用喷粉器把花粉喷在雌花上。也可用花粉混水喷雾，以利于增产。

病虫害防治

病害

苗木茎腐病：病苗茎部初呈褐斑，后致韧皮部腐烂碎裂，苗木枯死。在南方各省，一般在夏季高温干旱的 6～8 月雨季后发生。防治方法：①加强管理，清沟排水，提高幼苗抗病力，抚育管理时不要伤苗茎部；②夏季可间作生长较快的抗病树种，使苗木在树荫下安全越夏；③发现病苗时及时拔除烧毁；④发病期喷施 50% 托布津 1 000 倍液，7 天 1 次，连喷 3 次。

虫害　主要是蛴螬、樟蚕。

1．蛴螬：为铜绿丽金龟的幼虫，咬断苗根，致使幼苗枯死。防治方法：参阅玉竹虫害防治。

2．樟蚕：以幼虫危害叶片或幼芽。防治方法：①在冬季刮除越冬虫卵；②6～7 月份摘除虫蛹；③幼虫危害期间，用马拉硫磷 800～1 500 倍液浇杀。

采收与加工

采收

1．银杏果采收：在 9 月银杏种子果皮呈现橙黄色即可采集，采集时先刈净树身近周杂草，灌丛，再用竹竿击落，或自然脱落时，便于搜集。

2．银杏叶采收：银杏叶宜在有效成分含量达到要求时采收，或在 10～11 月经霜脱落时采集，清除杂质，晒干后备用。

加工

1．银杏果加工：种子采回后铺在地上，覆盖稻草或直接堆放阴凉处经 4～5 天后，使肉质外种皮腐烂，移入竹箩中搓揉，用清水淘洗干净，晒干。

2．银杏叶加工：叶采回后要及时通风干燥，一般采用人工干燥方式加工银杏叶，质量较好。

（撰稿：钟小清）

四十五、楤　木

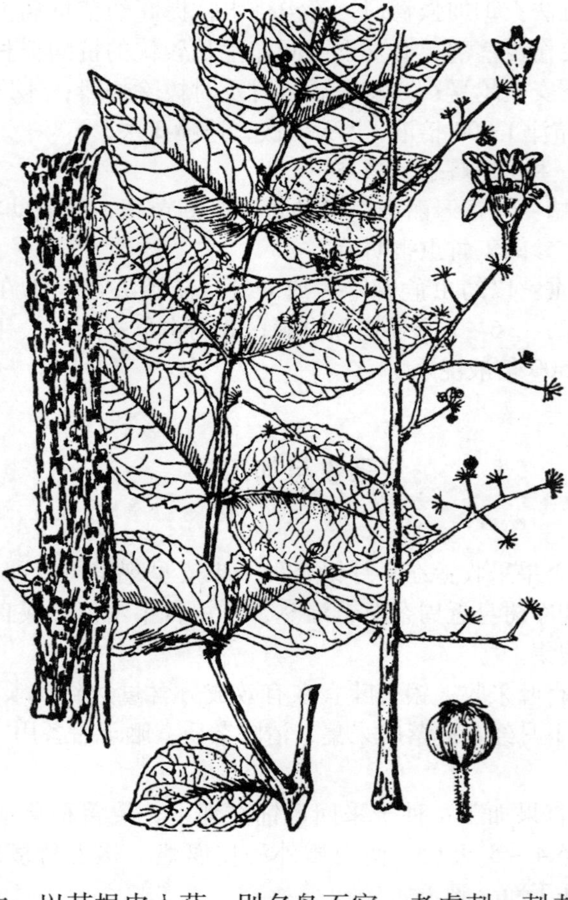

楤木，以其根皮入药，别名鸟不宿、老虎刺、刺老包等，又称楤木白皮。有祛风湿、利小便、散瘀血、消肿毒的功效。经研究，能治疗急慢性肝炎，能提高人体的免疫功能，有类似人参样作用，国外早已作为人参的代用品，并制成各种保健品问世。叶可治腹泻、痢疾。嫩芽、嫩叶具有一种特殊的香气，营养丰富，是一种可口鲜美的蔬菜，目前在国际蔬菜市场上被视为珍品。花还可治吐血。

植物形态与适生环境

楤木为五加科落叶灌木或小乔木，高 3 ~ 8 米。茎枝疏生皮刺，幼枝被黄棕色绒毛；叶为二回或三回单数羽状复叶，有小叶 5 ~ 11，基部另有小叶一对，小叶卵形、宽卵形或长卵形。边缘有细锯齿，上面疏生粗伏毛，下面有黄色或灰色短柔毛，沿脉尤密；伞形花序集成顶生大圆锥花序，被黄棕色或灰棕色短柔毛；果圆球形，有 5 棱，熟时黑色。花期 7 ~ 8 月，果期 9 ~ 10 月。

楤木多野生于较阴的低山坡、林下、山谷沟边、林缘、郊野路边或旷地灌丛中，适应性较强，比较耐寒耐旱，对土壤要求不严，但以肥沃、疏松、湿润的夹沙土壤较好。

楤木主要分布于我国黄河以南至长江流域各省区，广东从化、始兴、蕉岭等地均有分布。近年来许多山区和外贸基地开始有人工种植楤木，收到较好的经济效益和社会效益。

栽培技术

育苗

1. 育苗地：宜选择向阳坡地，肥沃、疏松、湿润的砂质壤土为好。

2. 育苗方法：用种子、扦插和分株繁殖。

(1) 种子繁殖

选种：选择生长健壮，无病虫害的母树留作母株，加强管理，保证多开花结实。

采种及种子处理：10 ~ 11 月份果实成熟时采收，去果肉，将种子晒干，置通风干燥处，待播。

播种期：以春季为宜。

播种方法：开沟条播，或撒播，播后覆土 1 ~ 1.5 厘米，约经 2 个月后出苗，再培育 1 年即可移栽。

（2）扦插繁殖

插条选择和截取：用幼茎扦插不理想，枝茎过老或当年的嫩茎都不易生根，而以根扦插繁殖效果为好。从山野林地上挖取楤木的根条，剪成15厘米左右的小段。

扦插季节：以春季为宜。

扦插方法：可按行距20厘米开沟，将插条按株距15厘米斜插于苗床，插入床土深度以10厘米为宜。插后盖草保湿，经30～40天开始萌芽，成活率较高。当年秋季株高可达50厘米以上，翌春可移栽定植。

分株繁殖成活率高，但繁殖系数小，不宜大面积栽培。

3. 育苗地管理

（1）除草、松土：出苗后，要勤除杂草，浅松土。

（2）施肥、浇水：每年春、夏、秋季各追施人畜粪水或氮素化肥1次，天旱时要浇水。

种植

1. 种植地：可选山坡，田埂以及荒废的土地。先整地，拣出碎石和草根等，开好排水沟，按株行距挖穴，穴的规格为50×50×40厘米，施入腐熟堆肥。

2. 种植时间：秋季落叶后至第2年春季发芽前进行。

3. 种植密度：株行距0.8～1.2米。

4. 种植方法：由苗床挖取带土的苗木栽入穴中，每穴栽苗1株，填土踏实，最后盖土稍高于地面，并淋定根水。

5. 种植地管理

（1）中耕、除草：定植后1～2年，春季中耕除草1次，夏秋季清除野草，结合中耕并向根旁培土。

（2）施肥：追施少量肥料，可用人畜尿或土杂肥。

（3）淋水、松土：如天气干旱，宜适当浇水1～2次，待水渗下随即松土保墒。

（4）修剪、整枝：定植第2年以后植株高度可达2米以上，为便于采集嫩芽，需要修剪整枝。通常在早春萌芽前将植株高度压低到1.5～1.6米左右，适合俯首采摘，提高工效。如来不及修剪则应在5月下旬结合采收嫩芽进行修剪整理。生长5~6年以上的枯老枝条需要更新，可在距离主干20~30厘米处，分别深挖30~40厘米，切断老根，然后培埋原土，翌年就会生出新根抽出新条。

病虫害防治

病害

疮痂病：该病为害多年生的老树干，病状圆锥形突起。防治方法：①割除病部，集中烧毁；②用25%粉锈宁呆湿性粉剂500~1 000倍喷雾。

虫害

蚜虫：为害嫩芽、嫩叶。防治方法：喷40%乐果乳油1 000~1 500倍液，每隔7~10天喷洒1次，连续2~3次。

采收与加工

采收　栽种2~3年的植株，秋冬即可挖根，树皮亦可同时采集。野生的楤木，全年可采。

加工　将挖取的根部洗净，剥取根皮及树皮，切段晒干，即成商品。

（撰稿：刘军民）

四十六、溪黄草

溪黄草，别名风血草、黄汁草、熊胆草、手擦黄，商品名溪黄草。以干燥全草入药。具有清热利湿、凉血散瘀的功效。

植物形态与适生环境

溪黄草为唇形科多年生草本植物。高 30 ~ 100 厘米。缩根，冬季落叶。茎四方形，多分枝；叶对生，叶片近圆形或卵状披针形，边缘有粗锯齿，叶背具褐色腺点；圆锥花序，顶生或侧生，小花二唇形，白色或粉红色；坚果小，长卵形，成熟时黄褐色。花期 8~9 月，果熟期 9~11 月。

溪黄草喜温暖潮湿环境，又怕渍水及板结土壤。喜阳光充足。常生于溪边潮湿地、沟边、湖边、林边、田边、村边等湿润肥沃的地方。

溪黄草在我国分布较广，主产于长江以南的湖南、四川、云南、江西、广东、广西等省区。自 1960 年以后广东部分地区多有引种栽培。

栽培技术

育苗

1. 育苗地：选择阳光充足、排灌方便、湿润肥沃的砂质壤土作育苗地，清除杂物后全垦或半垦，充分细土，由于种子小，整地时畦土较紧实者要用细河沙拌匀改良，土团要细，畦面要平，四周开沟。一般畦宽 1.2 米，沟深 20~30 厘米。

2. 育苗方法：用种子、扦插和分株繁殖，主要采用扦插繁殖。

（1）种子育苗

选种：选择健壮、饱满、无病虫兽害的母株作种。

采种及种子处理：秋末，当溪黄草果实成熟发黄时，沿着茎基剪下果穗晒干，抖下种子，除去杂质备用。

播种时间：春季雨水充足气温回升时或秋季果实成熟时进行。

播种方法：可采用撒播或条播。条播行距以 5~8 厘米为宜。撒播则将准备好的种子拌草木灰或细沙均匀撒放于苗床上，再覆上一层薄薄的细河沙，加盖稻草、树叶保湿，出苗后揭去。

（2）扦插育苗

扦条选择：选择大田或留种地生长旺盛、粗壮无病虫害的枝条作插条，用镰刀割下或剪下扦插，要求插条长 10~15 厘米，具 3~4 个节，修去基部叶片，待插。

扦插时间：多在春夏季3～6月进行。

扦插方法：在整好的畦面上，将准备好的插条按株行距4×5厘米斜插于苗床上，浇水保湿。插后用塑料遮光网遮盖，使其荫蔽度保持在40%～50%，防止阳光直射，1周后开始发根。

（3）分株育苗：将收获后的老头集中密植作为留种田，注意保湿、防寒越冬。翌年春天将分蘖出的新苗分株出来，直接移栽种植于大田。

3．育苗地管理

（1）排灌施肥：加强苗期管理，及时浇水保持床面湿润。雨季苗床过湿时，注意排水。幼苗成活后可少浇水，结合淋水可施用1～2次稀薄的人粪尿。

（2）除草：勤除杂草，见草就拔。

（3）间苗：及时间苗，疏去过密苗、病弱苗。

种植

1．种植地：选择向阳、排灌方便、土质疏松肥沃的大田作种植地，忌用旱地或水渍地，整地要求与育苗地相同。

2．种植时间：实生苗在苗高长至10～12厘米，有7～9片叶时可移栽。扦插苗插后生根，苗木长成时可移栽种植。

3．种植密度：株行距15×20或20×20厘米。

4．种植方法：整好地后按株距进行种植，采用穴植或条植。覆土压实，浇定根水。分株种植者宜选择阴雨天，有利苗木成活。

5．种植地管理

（1）中耕除草：勤除杂草，成活后常松土，促进水肥吸收，利于植株生长。

（2）排灌：经常保持土壤湿润，常浇水。

（3）追肥：种植后15～20天施1次稀人畜粪尿，每亩1 000公斤，以后每月施火浇土、厩肥等有机肥1～2次，封行后追施复合化肥1～2次，每亩30公斤。每次收割完，要注意松土施肥，保证新生植株生长。

病虫害防治

病害　主要是白粉病。

白粉病：该病多发于秋季，发病时茎叶布满白色粉状物，植株生长停止，影响药材产量和质量。防治方法：①早期发现染病植物，拔除烧毁；②用甲基托布津 500 倍液或粉锈灵 800 倍液喷雾。

虫害　虫害较少，暂未发现。

采收与加工

采收　南方每年可割 2 ~ 3 次，第 1 次春季栽种后 90 天，第 2 次在首次收后 70 ~ 80 天，第 3 次在冬季落叶前。用镰刀离地面 2 ~ 3 厘米处割下，有利于分蘖萌芽，收割宜在晴天进行。

加工　将收割下的植株立即晒干，以防叶片脱落，晒干后待叶片回软时捆扎成件，即成商品。按叶片多少、颜色分级。一般每亩可产干草 200 ~ 250 公斤。

（撰写：徐新春）

四十七、槟　榔

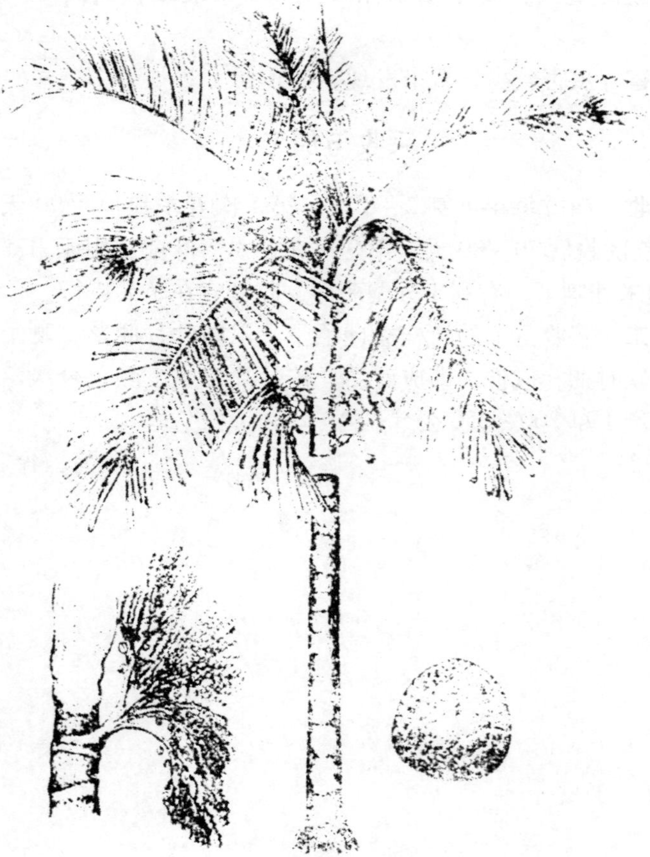

槟榔为驱虫的常用中药，干燥成熟种子有杀虫消积、降气、行水、截疟的功效。外果皮（大腹皮）、佛焰苞（大肚皮）和雄花蕊亦可入药。是我国著名的南药之一，应用和栽培历史悠久。

植物形态与适生环境

槟榔为棕榈科常绿乔木。高达10~18米，粗达10~15厘米；随着新叶不断生出，旧叶自行脱落，每落一片叶，便在茎上留下一个环状痕迹；羽状复叶，叶片大，小叶披针形，表面光滑无毛；叶柄基部扩大成鞘状，环抱茎干；成年植株每年新生和脱落旧叶6~7片；茎上最下一片叶的基部抽出花序，花序的上部着生雄花，下部着生雌花；果圆形、长椭圆至矩圆形，内有种子1枚。花期3~8月，果熟期海南2~6月；云南2~3月。

槟榔喜高温，适宜生长的气候条件，年平均温度在22 ℃以上，最宜在24~26 ℃之间，25~28 ℃时生长迅速，16 ℃时发生落叶现象，5 ℃时植株即受寒害。年平均降水量1 500~2 200毫米。幼株喜阴，成株喜阳。成龄树冠上部有阳光曝晒，基部有遮荫是最好的生长条件。土壤要求为土层深厚、富有机质、保水力强、排水良好的砖红壤性土或砖壤土。山区的腐殖质土，河岸冲积土，村边、路边、屋旁的肥沃园地也宜种植。

槟榔原产于马来西亚。在我国引种栽培已有1 500多年的历史。海南、台湾栽培较多。

栽培技术

育苗

1. 育苗地：宜选靠近水源，土壤肥沃、疏松，排水良好且有一定遮荫条件的地段。

2. 育苗方法：用种子繁殖。

（1）选种：选20~30年生，生长健壮，茎干上下粗细一致，节间短，树型矮，叶色青绿，叶柄长而柔软，花序长而稍下垂，果枝节间长，分枝多，有3~5个花序，结果正常，产量稳定，无病虫害，单株产量不少于300个的优良植株作留种母树。

（2）采种及种子处理：槟榔种植4~5年后开始开花结果，从开花到果实成熟约需1年。一般选取5~6月成熟的第二、三个果托上的果实，分别挑选卵形、椭圆形，表面金黄色，光滑无斑纹状裂痕，饱满而重，核坚硬，果仁重，无病虫害的果实作繁殖材料。采回的果实，置阳光下曝晒 1 ~ 2 天，让种子蒸发部分水分，使果皮略干，并可吸收热量，有利于种子发芽。

通常需经催芽处理，其方法有 2 种。

堆积催芽法：把果实摊在靠近水源并能起荫蔽作用的大树底下，地底下铺一层河沙，堆成高 20 厘米以下，长度不限，但便于淋水，并盖上稻草，不宜盖茅草，厚度以不见果实为度，每天淋水 1 次。约 7 ~ 10 天果实表面开始发酵腐烂，即可取出果实用水洗净，重晒 1 ~ 2 天，晒时要注意翻动，以提高发芽温度，然后继续堆放，重新盖稻草、淋水，约 20 ~ 30 天后，拣出具有白色小芽点的果实，进行育苗。

箩筐催法：如种子量不多，可将果实装在箩筐内，用稻草封盖箩筐口，置于屋内保温、淋水，待果皮发酵腐烂时，将箩筐连同果实一起放在河沟内洗擦干净，然后依上法放于屋内，当有白色芽点时即可育苗。

（3）育苗方法：按株行距 30 × 30 厘米开小穴，施基肥，每穴放 1 个经过催芽后露白的种子，覆土 2 ~ 3 厘米，压实后盖草，淋水至湿为度。1 个月左右，小苗将陆续顶出土面。苗木经过 1 ~ 2 年的培育，待苗高 60 厘米，具 6 片叶以上时，便可移苗定植。

目前生产上还采用营养器育苗，将经过催芽的种子放盛装营养土的塑料袋中，每袋放 1 粒，袋口直径 25 厘米，袋高 30 厘米，袋底要打 2 ~ 4 个小孔，以利通气排水。移植时不损伤根系，成活率高。

3. 育苗地管理

（1）遮荫：用稻草或茅草覆盖畦面；若无自然荫蔽条件，需搭设荫棚。

（2）淋水：旱天要注意淋水，保持苗床湿润，但水分不能过多，否则易导致种子腐烂。

（3）施肥：当第一片真叶展开时，即开始施肥，以后每隔 20 ~ 25 天施肥 1 次，以农家肥为主，若施化肥，应在土壤潮湿时在植株旁施用。切忌把化肥撒在叶面上，以免烧伤幼苗。

（4）除草：施肥前进行除草，晒干后覆回苗木茎基周围。

种植

1. 种植地：宜选择海拔300米以下的森林采伐迹地的南坡、谷地、河岸两旁背风之地，以及农村的“五边地”。如坡度较大的山地，宜水平带状整地，带宽3米，带面向内倾斜。带内侧挖一条蓄水沟，宽30厘米，深25～30厘米，长视地势而定。

2. 种植时间：在有条件灌溉地区，以春季3～4月定植为宜；海南岛大面积造林，宜在秋季8～10月，以顶端箭叶尚未展开时定植成活率最高。定植时宜选阴天进行。挖苗时不要损伤根系，要带土球，并剪去部分老叶。

3. 种植密度：按株行距2×3米挖穴，穴的规格为60×60×50厘米。一般每亩定植100株。

4. 种植方法：定植不宜过深，踏实后淋足定根水，用杂草覆盖，或插小树枝遮荫，减少蒸发。营养袋育苗，在定植时要除去营养袋。

5. 种植地管理

（1）荫蔽：在定植后的最初几年，根浅芽嫩，为了保护幼嫩的槟榔干不受烈日曝晒和减少地面水分蒸发，可在槟榔行间种植覆盖植物。海南产区在槟榔周围种飞机草、山毛豆等，也可间种一些经济作物、草本药材，既可荫蔽幼树，又可压青施肥，防止土壤冲刷，保持林地湿润，还可增加收益。

（2）灌溉排水：在雨水较少的季节，应加强灌水。在多雨的季节，要注意排水，避免积水，造成病害蔓延。

（3）除草培土：幼龄期要保持植株周围无杂草，每年除草3～4次，并使土壤疏松。结合除草进行培土，把露出土面的肉质根埋入土中，以增强根系对养分和水分的吸收。除草培土后可将易腐烂的杂草复回槟榔茎基部。

（4）施肥：定植后幼树每年施肥3～4次，可在除草后进行；第1年每亩施有机肥250～500公斤，第二、三年每亩可施500～1 000公斤。结果树第1年施肥2次；第1次在花苞开放前，每株施用人粪尿5~10公斤；第2次在果期进行，每株施绿肥或厩肥15公斤，并加入过磷酸钙100克，或熏土5公斤等，以促进幼果生长。

病虫害防治

病害 主要有炭疽病、基腐病、果腐病。

1. 炭疽病：小苗和成龄植株均可受害。主要危害叶片，高温多湿季节易发病。防治方法：①加强间管理，增强植株抗病能力；②发病期间用1∶1∶120的波尔多液喷雾防治。

2. 基腐病：植株感病，初时病株下部叶片萎黄脱落，随后树冠萎缩干枯，后期树干上出现小孔，溢出胶状分泌物，有臭味，终至全株死亡。防治方法：①早期发现病株时，在树干顶部钻洞，排除臭液，可保存心叶，制止恶化，并围绕病株挖一环形小沟，填上石灰进行隔离消毒；②将病株挖除烧毁。

3. 果腐病：该病在多雨高湿环境下流行，病菌侵入嫩果和果柄，引起落果，渐蔓延到心芽使心叶萎缩，接着叶片枯黄下垂，逐渐死亡。防治方法：①加强田间管理，增强抵抗能力。②取食盐0.15~0.2公斤用纸或布包装，放在心叶中央，受雨露潮解溶化，可防落果，免除感染，

虫害 主要有红脉穗螟、透明圆盾蚧。

1. 红脉穗螟：幼虫危害花果，4~5月、8~9月是危害槟榔的高潮期，造成落花落果。防治方法：①冬季结合田间管理，清理田园，将枯叶、枯花、落果集中烧毁或堆埋；②及时清除被害的花穗和果实；③在花苞脱落前，或在幼虫形成期，用乐果喷洒。

2. 透明圆盾蚧：若虫和雌虫吸取被害组织的汁液，使被害部位失绿发黄。果实受害后出现不规则黄斑，影响果实的外观和品质。叶片和果实幼苗受害后生势减弱，叶片枯黄，严重时造成死苗。防治方法：①利用其天敌细喙唇瓢虫，或修剪带虫叶片；②用40%乐果乳油800倍液喷杀；③用草木灰肥皂液（水50公斤、革木灰5公斤、肥皂0.125公斤，加热溶解，过滤）喷雾。

采收与加工

采收 采收季节按不同用途和各地气候不同而异。

槟榔玉：通常在3~6月间，待果熟呈金黄色或橙黄色采收。

槟榔干（枣槟榔）：于11月至翌年1月间，当果实未成熟时采收。

大肚皮：在槟榔开花期间，收集掉下的佛焰苞（花苞）。

加工

槟榔玉：先将成熟的果实晒2~3天，然后放入特制灶中，用木柴烤火，烘烤7~10天，每1~2天翻动1次，使其受热均匀，待果皮呈黑色时取出冷却，用小铁锤击破或用小刀剖开果皮，取出种子晒干，即为中药商品槟榔。一般100公斤鲜果可加工17~19公斤。

槟榔干：将整托未成熟果放于锅中，加水煮半小时，用手提起果柄，果实自然脱落，捞出晾干，置于烤灶内用慢火熏烤，温度控制在40~50℃，并注意翻动。俗称“三翻六伏”，即烘烤到第3天，将底层的槟榔翻至上中层，中间层翻入底层，第6天按已翻动的位置全部倒过来，再烘烤3天，至果皮干而有烟味，颜色呈黑暗色，种仁干而柔软，摇动有响声时即可。

大腹皮：将取出槟榔玉后的果皮，用铁锤打松晒干即成。

大肚皮：将佛焰苞（花苞）晒干即成。

（撰稿：刘军民）

四十八、薯蓣（山药）

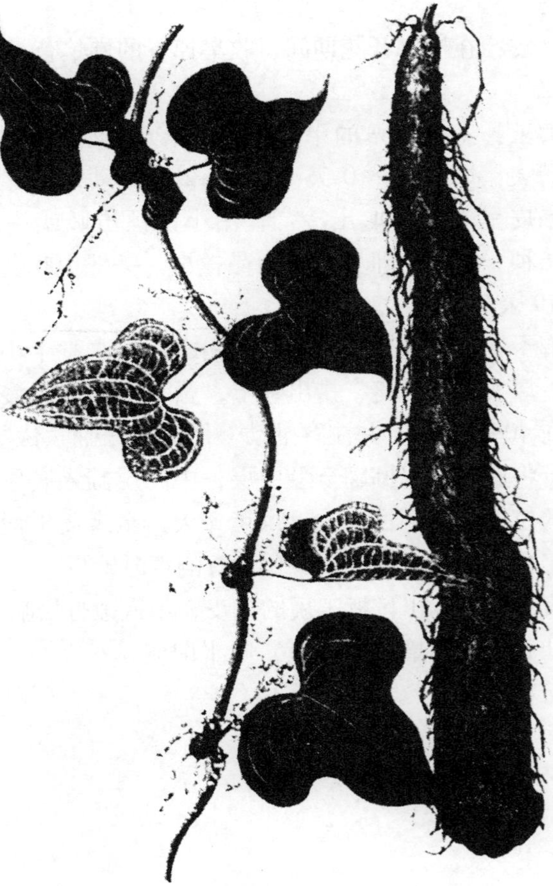

薯蓣，别名山药、淮山、怀山药、山薯等，商品名山药。以干燥根茎入药。具有补脾养胃、生精益肺、补肾涩精的功效。既是常用中药，又是滋补品。“四大怀药”之一，驰名中外。

植物形态与适生环境

薯蓣为薯蓣科多年生缠绕草质藤本。长 2～3 米。茎细长，紫色，无毛；根肉质，肥厚，圆柱形或棍棒状，白色，带黏性，富含淀粉，长者达 1 米；叶对生或 3 叶轮生或互生，叶腋间生有珠芽，叶片三角状卵形或三角状广卵形，基部阔心形；花单性，雌雄异株，小花黄绿色，成穗状花序；蒴果 6 枚，具翅状 3 棱，表面被白色粉状物；种子扁圆形、椭圆形或圆形，环生膜质翅。花期 6～8 月，果熟期 8～10 月。

薯蓣喜温暖湿润、阳光充足的环境，耐寒。生育期适宜温度为 20～30 ℃，在地温高于 13 ℃时，才能发芽出苗，35 ℃以上抑制生长。喜稍湿润的环境，出苗期要足够水分，但雨水过多，长期积水会影响块根发育甚至死亡。引种地在海拔 1 600 米时仍能正常生长。对土壤要求较严，在排水良好、土质疏松肥厚、中性砂质壤土上生长最旺盛。在土质过粘、过砂、过碱或低洼积水地带不宜栽种，也不宜连作。

全国各地均有野生和栽培。主产于河南、广西、广东，山西等省区，广东产于信宜、电白、吴川、潮阳、化州、高州、廉江、遂溪、三水、台山等地。

栽培技术

育苗

1. 育亩地：宜选择土层深厚、向阳背风、疏松肥沃、排灌方便、酸碱度适中的砂壤地。冬季深翻土地，翌年下种前下足基肥，每亩施用有机肥 4 000～5 000 公斤，撒匀耙平，作 1.3 米宽高畦。

2. 育亩方法：有根茎和株芽繁殖。

（1）根茎（芦头，俗称龙头）繁殖：收获时，选择颈短、芽头饱满、粗壮无病虫害的芦头，从上部按 15～20 厘米处将芦头掰下，晾5天，待折断面愈合后，用湿润河沙贮存越冬。在贮藏室先铺一层河砂，厚15厘米，再平铺一层芦头，厚15厘米，盖上一层10厘米厚的湿沙，如此一层层堆叠，至近100厘米高时，在沙上面盖上稻草越冬，控制室温在5 ℃左右为宜。

（2）珠芽（零余子，俗称山药蛋）繁殖：收获前当地上茎叶将黄萎时，从叶腋间摘下或拾起散落在田间的大、圆、无损伤及无病虫害的零余子，晾2～3天后用干砂贮藏。

（3）播种时期：春季3月。

（4）播种方法：在整好的育苗地上开沟，沟距25～30厘米，深5～8厘米，按株距3～5厘米播种，播后施稀人畜粪水及草木灰，覆土压平。一般15～20天可出苗。10月下旬苗枯时，收集零余子繁殖的芦头，可留于土中，待来年栽种时挖出作种。

3. 育苗地管理

（1）浇水：苗床干燥时，应及时浇水保持床面湿润。雨季苗床过湿时，注意排水。

（2）除草：勤除杂草，见草就拔，同时浅度中耕。

（3）施肥：出苗后施肥2～3次，通常每亩每次施人畜粪尿1∶500～2 000公斤或施充分腐熟的饼肥100公斤。

种植

1. 种植地：宜选择土层深厚、向阳背风、疏松肥沃、排灌方便、酸碱度适中的砂壤地。冬季深挖翻土，使土地熟化，并能冻死地下害虫，下种前下足基肥，每亩施用有机肥3 000～4 000公斤，均匀撒在地上，再行翻土。

2. 种植时间：春季3月底4月初进行。

3. 种植密度：株行距15×25或20×50厘米单行或双行种植。

4. 种植方法：在整好的土地上按行距开沟种植，沟深7～10厘米，将芦头按株距平放沟内，或摆成“人”字形，下种后施上腐熟过的粪土，覆土压实，浇水。

5．种植地管理

（1）中耕除草：出苗后，天气渐暖，杂草生长快，应勤除杂草。苗高长至15厘米时应浇水或雨后中耕，行间浅锄，勿伤茎蔓，封行后不宜中耕。

（2）追肥：当苗高15厘米时，追施人畜粪尿，每亩75公斤，可拌适量花生麸和磷粉。追肥时间分别在5月初、6月底、8月初分3次进行。

（3）设立支柱：第1次中耕追肥后，当苗木长25～30厘米高时，应于每株苗木旁插1根1.5米以上长的竹杆或小树枝。将相连两行的4根支柱绑在一起，顶部横放1根，使其连起来，防止风吹倒，牵引茎蔓上柱。

（4）排灌：经常保持土壤湿润，干旱时应常浇水。雨季应注意排水，防止长成叉状根，影响其产量与质量。

病虫害防治

病害　主要有炭疽病、褐斑病。

1．炭疽病：6～8月多发生，该病为害叶片，起初在叶面上发生褐色病斑，后扩大成黑褐色，并在病斑上产生小黑点，茎上出现水渍状病斑，严重时造成落叶、枯茎。防治方法：①用1∶1∶150波尔多液浸种；②发现病株，立即拔除烧毁，防止蔓延；③发病初期，用1∶1∶150波尔多液喷雾，每周喷1次，连喷2～3次；④用70%甲基托布津1 000倍液喷雾。

2．褐斑病：该病为害叶片．发病初期叶片上生黄色或黄白色病斑，后期变淡褐色，严重时叶片枯死。防治方法：①发现病株，立即拔除烧毁，防止蔓延；②初期用1∶1∶120波尔多液喷雾，5～7天1次，连喷3次；③用50%多菌灵可湿性粉剂1 000倍液喷雾。

3．根瘤病：受害后山药块根长有大小不等的许多小瘤，不能正常发育，影响产量。防治方法：①凡染有根瘤病的芦头和零余子，不宜作种用；②凡有根瘤病的土壤不宜栽种山药。

虫害 主要有蓼叶蜂、蛴螬、红蜘蛛和地老虎。

1. 蓼叶蜂：幼虫为害叶片，5～9月活动猖獗，严重时吃光叶片，影响薯蓣产量。防治方法：幼龄期用90%固体敌百虫1 000倍液喷雾。

2. 蛴螬：该虫为金龟子幼虫，为害地下部分，主要活动季节在夏秋。将薯蓣棒状根咬成残缺多洞或破碎，影响药材质量和产量。防治方法：①冬季深翻土壤，晒土、冻土，消灭虫口；②整地时尽量清理彻底，生长期用黑光灯诱杀；③施用的有机肥要充分腐熟，减少虫卵生存机会；④用固体90%敌百虫1 000～1 500倍液喷杀或人工捕杀。

3. 红蜘蛛：该虫为害叶片，被害部位先出现黄白色斑点，后变紫、黄、褐脱落。防治方法：①清除杂草、枯枝落叶，减少红蜘蛛栖息机会；②7～8月用73%克螨特乳油2 000～3 000倍液喷雾，每隔7天喷1次，连喷2～3次。

4. 地老虎：为害地下部分。防治方法：用毒饵诱杀或人工捕捉。

采收与加工

采收 当地上部分茎叶枯萎时，可采收。一般芦头繁殖的当年可收获，零余子（珠芽）繁殖的则第2年收获。先将茎蔓割下，摘下并拾起脱落在地上的零余子；用铁锹从畦端第1行开始挖深沟，依次将薯蓣块茎完整地挖出，逐行进行，严防挖断或挖烂，去掉泥土，掰下芦头（龙头），运回处理。通常每亩收零余子200～500公斤，鲜薯蓣1 000～2 000公斤。

加工 块茎运回后，洗净后用清水浸泡，使之呈白色，有小黑点根蒂斑点残留，可用小刀刮去，用刀片刮去外皮，晾干后放入熏箱内，用硫磺熏蒸。每100公斤鲜品用硫磺0.5～1.0公斤。熏8～10小时后，当块茎发汗变软时，取出晒干或在40～50 ℃下烘干，防止烤焦或内部变红、空心。此法加工的产品称为“毛山药”；另选取粗大、均匀、顺直、已去皮的薯蓣，用清水浸泡至透心，闷润后用硫磺熏，再逐根用搓板搓成圆柱形，截齐两端，然后根据长短粗细不同，切成长 13 ~ 15 或 18 ~ 21 厘米的段，进行第 2 次搓，晒干，锤打光滑，此法加工的商品称为“光山药”。通常亩产干品 250 公斤左右，高产者可达 400 ~ 500 公斤。

（撰写：徐新春）

四十九、薏苡（薏苡仁）

薏苡，别名苡米仁、苡米，商品名薏苡。以干燥的种仁入药，为常用中药，能健脾渗湿，除痹止泻，清热排脓。目前薏苡仁广泛用于副食品生产，是一种很好的药食两用药材，营养价值很高。

植物形态及适生环境

薏苡为禾本科一年生或多年生草本植物。植株高 1 ~ 2 米，茎直立粗壮，有 10 ~ 12 节，节间中空，基部节上生支撑根；叶互生，叶鞘抱茎，线状披针形，先端渐尖；总状花序，由上部叶鞘内成束腋生，花序上部为雄花穗，下部为雌花穗，包藏在卵形的总苞中；颖果成熟时，外面的总苞坚硬，呈椭圆形，种皮红色或淡黄色，种仁卵形白色。花期 6 ~ 9 月，果期 7 ~ 10 月。

薏苡性喜温和凉爽气候，忌高温闷热，不耐寒，在气温高于 15 ℃开始出苗，高于 25 ℃，相对湿度 80% ~ 90% 以上时，幼苗生长迅速；喜潮湿，如遇干旱，生长缓慢，叶缘卷缩，叶尖干枯，严重时导致植株枯萎；喜向阳，忌荫蔽；对土壤要求不严，除粘重土壤外，一般土壤均可种植，但干旱无水源的地方不宜种植，忌连作。

全国各地都有分布或栽培，以南方各省区湖南、广东、广西、福建等省区产量多，湖南宝庆产者质量好。

栽培技术

育苗

1. 育苗地：宜选地势向阳、排水良好、肥沃的砂质壤土为好。播种前，翻耕土壤，打碎土块，拣去杂草，做到三犁三耙，使壤疏松。育苗前可采用类似水稻的旱育秧和湿润育秧的苗床制作方法。作宽 1 ~ 2 米，高 10 ~ 15 厘米的苗床。早春播种还可做成塑料薄膜苗床，以防春寒。

2. 育苗方法：采用种子繁殖。

（1）种子繁殖

选种：选择植株发育健壮、短杆、分蘖强、多枝，结籽密，果壳呈黑褐色的植株，单独收割、脱粒、贮藏，留作种用。

采种及种子处理：选颗粒大、饱满、无病虫，且有光泽的种子，存放隔年的种子发芽率差，不宜作种。为了消灭黑穗病，同时有利于出苗，可在播种前进行浸种和拌种。处理方法有：①将1种子用布袋装好后，浸于5%石灰水或100倍波尔多液内，其上用物压住，使其不露出水面，浸24~48小时后，捞出用清水冲洗两次；②可用约60℃温水（2份沸水加1份冷水）浸种30分钟；③用与种子等量的鲜人尿浸3小时，或5公斤种子加0.75公斤人尿和0.5公斤草木灰拌种；④用75%五氯硝基苯0.5公斤拌种子100公斤，拌后下种。

播种期：因品种，气候，土质条件的不同而有较大差异。早熟种以3月上中旬为好，宜直播；中熟种宜3月下旬至4月上旬为好；晚熟种以4月下旬至5月上旬为好。迟播出苗迟，分蘖少，影响产量，甚至无收。

播种方法：将种子均匀撒在整好的苗床上，播种后，覆盖细土2~3厘米，并保持湿润，35~40天后，苗高达12~15厘米时，可进行移植，每亩用种量35公斤左右，1亩秧苗可栽15亩左右。

3. 育苗地管理

（1）灌水：幼苗期，如遇天气干旱，需及时浇水保持土壤湿润。

（2）间苗：幼苗长出2或3片真叶时，进行第1次间苗，拔除密生苗、病弱苗。

（3）中耕除草：要求中耕浅锄，除净杂草，促进分蘖。

（4）施肥：当幼苗长出3~4片叶时，可追肥1次，每亩施硫酸铵或尿素5公斤，作为提苗肥，促使苗粗壮，早分蘖；当长出7~8片真叶时，重施追肥，每亩施尿素10公斤，作为移栽前的出嫁肥。

种植

1. 种植地：宜选向阳肥沃，排水良好的砂质壤土种植，每亩施厩肥、土杂肥3 000公斤，过磷酸钙50公斤，翻耕土地，深约20~25厘米，耙细整平，作畦宽2~3米，沟宽25~30公斤，以利排灌，挖穴，穴深3~4厘米。

2. 种植时间：一般在播种35~40天，苗高达12~15厘米时，即可定植。

3．种植密度：株行距早熟种 20×26 厘米，中熟种 36×45 厘米，晚熟种 45×60 厘米。

4．种植方法：挖取幼苗后，每穴栽苗 2～3 株，栽后施入稀薄粪水，促进返青。若采用直播，每穴播种 4～5 粒。

5．种植地管理

（1）灌溉排水：苗期和抽穗、开花灌浆期均要求有充足的水分，如天气干旱，傍晚需及时浇水，以保持土壤湿润，但雨后或沟灌后，要排除畦沟内积水，以减少病害发生。

（2）中耕除草：要求中耕浅锄，不可伤根，除净杂草，以促进植株分蘖和生长。

（3）培土：为了防止倒伏，有利于根系生长，在苗高约 30 厘米时，结合施肥进行培土。

（4）施肥：在苗高 33 厘米时或孕穗期施肥 1 次，每亩施粪水 1 000～1 500 公斤或硫酸铵 7～10 公斤，以促进植株生长健壮，有利于孕穗；在花期用 2% 过磷酸钙溶液进行根外施肥，促进开花结实；在基本齐穗时，为促进粒重，防止植株早衰，每亩可追施 10 公斤硫酸铵，有利于提高产量。

（5）摘除脚叶：为了便于通风透光，促进茎杆粗壮，防止倒伏，可在拔节结束后，摘除第 1 分枝以下的脚叶和无效分蘖。

（6）辅助受粉：由于薏苡是雌雄同株异穗植物，同一花序中的雌雄小花成熟不同步，往往需异花受粉。在授粉期，以绳索等工具振动植株（上午 10～12 时），使花粉飞扬，借风媒传播花粉，人工辅助授粉应 3～5 天 1 次，直到扬花结束为止。对提高结实率，具有明显效果。

病虫害防治

病害　主要是黑穗病及叶枯病。

1．黑穗病：又名黑粉病，主要由种子传带，为害穗部，得病种子肿大呈球形或扁球形的褐色瘤，破裂后散出大量黑粉，并破坏种子组织，使穗变成黑穗。防治方法：①播种前进行种子精选和消毒处理，（见种子处理方法）；②实行轮作，并避免使用未杀菌和未腐熟的堆肥与厩肥；③发现病株，立即拔除烧毁；④建立无病留种地，种子单独收藏。

2. 叶枯病：为害叶部，叶片上呈淡黄色小病斑，雨季发生严重，导致叶片枯死。防治方法：发病初期喷 1∶1∶100 的波尔多液，每 7～10 天 1 次，连喷 2～3 次。

虫害　主要是玉米螟和黏虫。

1. 玉米螟：在苗期幼虫钻入心叶中，咬碎叶肉及叶脉，展开叶片后，可见一排整齐的虫孔，抽穗期幼虫钻入茎内为害，蛀成枯心或白穗，遇风折断下垂。防治方法：①在早春玉米螟羽化前，把去年的薏苡等蒿杆集中烧毁，以消灭越冬虫源；②在成虫产卵以前用黑光灯诱杀；③加强植株心叶部位的虫情检查，及时拔除枯心苗烧毁，或在薏苡周围种植蕉藕诱杀；④心叶展开时，用 50% 可湿性西维因粉 0.5 公斤加细土 15 公斤，配成毒土灌心叶。

2. 黏虫：又名夜盗虫，是一种暴食性的害虫，幼虫为害叶片，使叶片呈不规则刻缺。也为害嫩茎及嫩穗，严重时，薏苡叶片吃光，造成严重减产。防治方法：①在幼虫阶段，喷 90% 固体敌百虫 800 倍液；②用糖醋毒液（糖 3 份，醋 4 份，白酒 1 份，水 2 份）诱集捕杀成虫；③在幼虫化蛹期，挖土灭蛹。

采收与加工

采收　薏苡的分枝性极强，果实成熟不尽一致，可以茎叶枯黄，果实变硬，田间子粒 80% 左右成熟变色，种仁无浆时，选晴天收割。

加工　割下的植株集中立放晒 3～4 天脱粒。脱粒后果实经 2～3个晴天晒干，干燥果实含水量为 12% 左右，即可入包贮存，或用脱壳机，脱去总苞及种皮，即得坚硬色黄的薏苡仁。

（撰稿：钟小清）

五十、薄　荷

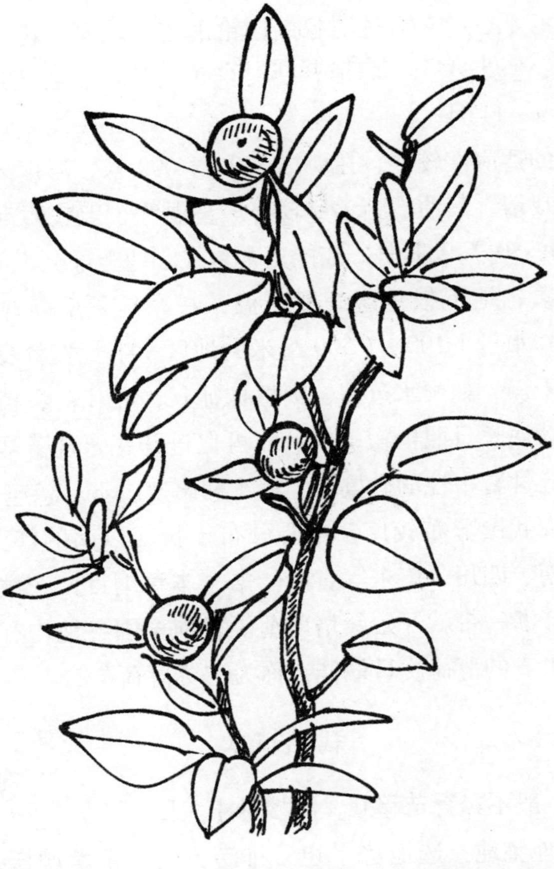

薄荷，别名苏薄荷，商品名薄荷。以地上部全草或叶入药，具有宣散风热，清头目，透疹等功效。在我国栽培历史悠久。薄荷油和薄荷脑广泛用于医药、日用和食品工业，每年均有大量出口。

植物形态及适生环境

薄荷为唇形科多年生草本植物。高 30 ~ 80 厘米，有时可达 1 米，全株有清凉香气，根状茎匍匐，茎直立或外倾，四棱形，有倒向毛及腺点；叶对生，披针形，有时卵形或长圆形，边缘有锯齿，两面有毛，叶背有透明腺点；轮伞花序腋生，花冠唇形，淡红紫色；小坚果 4 个，卵形，熟时呈黄褐色。一般花期为 8 ~ 10 月，果期 9 ~ 11 月。

薄荷的适应性较强，在海拔 300 ~ 1 000 米，温度高，光照充足的地区栽培，其油、脑含量较高。喜温和，但较耐高温，夏季日平均温度 30 ℃以上时，亦能正常生长，地上部分不耐寒，0 ℃时完全枯萎，地下根茎耐一般低温，在寒地须盖草越冬；喜湿润，在年降水量 1 100 ~ 1 500 毫米的地区，生长发育良好，但生长期略喜干燥，如雨水过多，则植株徒长，叶片薄，植株下部易落叶；薄荷属长日照植物，长日照可促进开花，现蕾开花期要求光照充足；性喜中性的砂壤土，壤土和腐殖质土。忌连作。

薄荷在我国分布较广，主要分布于长江以南的江苏、浙江、江西、湖南、四川、广东等省区。据《本草纲目》记载，我国在明代时，江浙一带就开始栽培薄荷。目前全国各地均有栽培，以江苏太仓出产的薄荷质量最佳，称为“苏薄荷”。

栽培技术

薄荷一般不经育苗移栽，直接种于大田。

1. 选地整地：选地势平坦、排涝方便、土壤肥沃、阳光充足的地段，过酸过碱，瘠薄砂土及日照不足，易干易涝的土地均不适宜种植。种前，深耕耙细，每亩施 2 500 ~ 3 000 公斤腐熟畜粪等土杂肥作基肥，然后浅锄一遍，把肥料翻入土内，耙平作畦，畦宽 1. 3 ~ 1. 6 米，沟宽 30 ~ 40 厘米，深 15 ~ 20 厘米。

2. 繁殖方法：用根茎、分株、种子繁殖，生产上一般用根茎繁殖。

（1）根茎繁殖

根茎的选择与截取：地下根茎翻起后，选白色、粗壮、节短的新根茎留作种用，剔除老的、黑色根茎，切成长 6～10 厘米的小段。

根茎种植季节：在立冬至小雪进行。

根茎种植方法：在整好的畦面，按行距 25～30 厘米，用小锄开沟，沟深约 7～10 厘米，将根茎顺放沟内，下种密度以根茎首尾相接为好，种放好后，施稀粪水，覆土耙平，压实，每亩用种约 75～100 公斤。

（2）分株繁殖

在清明与谷雨，苗高 10～16 厘米时，从上一年的老薄荷地里，将苗连同所带的根茎一起掘出，移到另一块地上，按行距 20 厘米、株距 15 厘米挖穴栽种，每穴栽 2 株，栽后浇稀粪水定根，此法还兼有选种作用。用选优良品种移植，可使良种纯化。

（3）种子繁殖

在春天播种育苗，至苗高 15 厘米左右移植，这种方法一般用于育种工作，生产上不采用。

3. 育苗地管理

（1）排灌：薄荷地排水不良，往往导致出苗不齐，在雨季要注意排水；分枝茂盛期，遇干旱注意抗旱，否则会影响产量。

（2）间苗补苗：在苗高 13～17 厘米时，间去过密苗，保持株距 7～10 厘米。如遇缺苗，可将去年老薄荷地里长出的苗或本植地中过密的苗移出补齐，使每行每隔 7～10 厘米有 1 株苗，移苗时要连根掘起，保证成活。

（3）中耕除草：在间苗或秧苗移植成活后，进行第 1 次中耕除草，因薄荷根入土浅，除草必须浅锄，以防伤根部，当苗过密时，用手拔除杂草。以后在苗高 20 厘米、30 厘米各中耕除草 1 次。

（4）打顶摘蕾：为促进侧枝生长，增加密度，提高头刀产量，在第1次割取前将植株顶端摘去2厘米左右，在1年割取1次的地区，可进行摘蕾处理。

（5）施肥：薄荷茎叶1年割取2～3次，要适时适量多次施肥，在头刀薄荷收割后和白露前后，各施1次氮素肥料。头刀薄荷收割后，每亩施浓粪1 500公斤，堆肥50公斤，碳酸氢铵25公斤。白露前后，每亩施大粪1 000公斤，加水2 000公斤浇施。在行间拉沟深施，施后马上覆土盖没，施肥时防止碰茎叶，以免灼伤茎叶。

病虫害防治

病害 主要有锈病及斑枯病。

1. 锈病：危害茎、叶，多雨季节容易发病，开始时，在叶背面有橙黄色粉状夏孢子堆，后期发生冬孢子堆，严重时，叶片枯死脱落。防治方法：①发现病叶，及时摘除，集中烧毁；②发病初期，用1:1:200波尔多液喷雾，连续2～3次，收获前20天禁止喷药。

2. 斑枯病：又名薄荷白星病，危害叶部，初时叶两面发生近圆形病斑，呈暗绿色，以后病斑扩大，呈近圆形，或呈不规则病斑，暗褐色，严重时，叶片枯死。防治方法：①发现病叶，及时摘除，集中烧毁；②用1:1:200波尔多液喷雾，收获前20天停止喷雾。

3. 黑胫病：危害茎秆，在土壤过湿，田间湿度大时发病严重。防治方法：①加强培土，注意排灌；②用70%的敌克松1 000倍液喷洒，1～2次。

虫害 主要有小地老虎、夜蛾。

1. 小地老虎：幼虫咬断薄荷幼苗，造成缺苗断垅。防治方法：①每亩用2.5%敌百虫粉剂2公斤，拌细土15公斤，撒于植株周围，结合中耕，使毒土混入土内，可起保苗作用；②每亩用

90%的晶体敌百虫0.1公斤与炒香的菜子饼（棉子饼）5公斤做成毒饵，撒在田间诱杀；③清晨人工捕捉幼虫。

2. 夜蛾：幼虫咬食薄荷叶片，咬成孔洞或缺刻。防治方法：用90%晶体敌百虫1 000倍液喷杀。

采收与加工

采收　在广东、广西温暖无霜地区，每年收获3次。具体收割时期应根据薄荷植株的成熟特征，含油量及气候条件等因素灵活掌握。1年收3次的地区，收割方法是：头刀离地面2厘米割下，不能苗过高，过高则芽量多，生长细弱易倒伏；二刀比头刀多留1～2节，留苗过短，影响萌发新芽；三刀齐地割下。由于叶中的油与脑含量以日照充足时为高，一天中油、脑的含量以中午12时至下午2时最高，因此收割薄荷时，一般选择晴天中午时收割，并收集落下的叶用于提油。

加工　把收割的薄荷立即摊晒，注意翻晒，至7～8成干时将其扎成小把，扎时茎要对齐，然后铡去叶下3～5厘米无叶的梗子，再晒干。

薄荷茎叶晒至半干即可分批放入蒸馏锅内蒸馏，即得挥发油。

（撰稿：钟小清）

五十一、橘（陈皮）

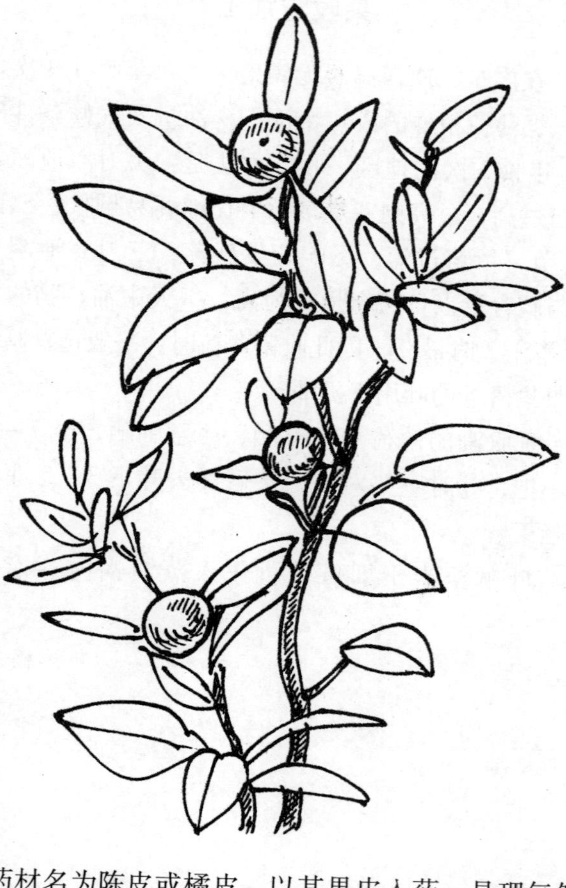

橘，药材名为陈皮或橘皮，以其果皮入药。具理气健脾，燥湿化痰的功能。

植物形态与适生环境

橘为芸香科多年生常绿小乔木。植株高约 3 米，分枝较多，枝有刺；叶互生，叶长卵形，边缘具波状钝齿，绿色；花白色；果实扁球形，果皮油胞突起，橙红色，易剥离，果瓣多为11～12瓣，种子较多。

喜温暖、湿润气候，怕严霜。年平均温度15～19℃之间，年降雨量900～1 500毫米，且分配比较均匀，对光照条件的要求较甜橙、柚为高，属较喜光植物，对土壤的适应范围较广，但宜选肥沃、疏松、深厚的微酸性土壤栽培。

我国长江以南各省（区）广泛栽培。主产于广东、福建、四川、浙江等省，以广东产品质量最好，俗称“广陈皮”。

栽培技术

育苗

1. 育苗地：选择地势开阔、向阳、土层深厚、肥沃、疏松、排水良好的砂质壤土，除尽杂草，深翻耙细，施足底肥，每亩施土杂肥2 500～5 000公斤，整地作畦，畦宽1.2米，畦面平整。

2. 育苗方法：种子繁殖、嫁接繁殖、压条繁殖。

（1）种子繁殖　主要用于培育砧木。

选种：选择酸橙等品种纯正，生长旺盛、无病虫害、果脐显著的作采种母树。

采种及种子处理：从母树上采下成熟果实，去掉果皮，取出种子，用清水洗净，晒干水气。选择成熟种子与湿砂1∶2混合贮藏，播种前用0.1%高锰酸钾浸10分钟，然后用清水洗净播种。

播种期：于2～3月进行。

播种方法：撒播既简便，占地又少，将种子均匀撒播在畦上，每亩用种25～35公斤左右，播后覆细土厚度约1厘米，盖草保持湿润，10多天后即可发芽。生长1年后分栽1次，培育2～3年后移栽。

（2）嫁接繁殖　有枝接法和芽接法2种。

枝接法

砧木的选择：用酸橙、柚子等种子，播种育苗2～3年后作砧木，在离地面10～30厘米处锯断，断面宜平，再从砧木断面中央向下垂直纵切5～6厘米切口。

接穗选择与截取：选无病虫害、健壮、质量好的橘树嫩枝作接穗，并将接穗剪成10～15厘米长，并有2～3个芽的接穗，在接穗基部两侧各削1刀，成“V”形，其长度与劈口相等。

枝接时期：以砧木树液开始流动，而接穗尚未萌动时进行。

枝接方法：将接穗插入砧木切口内，双方形成层韧皮部互相衔接，然后以薄膜包扎。培育2年后即可移栽。

芽接法

砧木的选择：用酸橙或柚的种子培育1～2年实生苗作砧木，于砧木离地面5厘米处开1.5厘米方洞，去表皮直至木质部。

接穗选择与截取：从橘树叶腋处切取1.5厘米左右宽的方块芽作接穗。

芽接时期：凡皮层能够剥离时均可进行，其中9～10月是主要时期。

芽接方法：将削好的芽片嵌入砧木切口内，韧皮部与韧皮部紧接，接后用塑料薄膜带自下向上捆扎，并露出芽头，接口愈合后，去掉薄膜。当芽生长正常后，剪除接口以上的砧木，培育2年后即可移栽。

（3）空中压条繁殖

压条的选择：选3～4年生，直径1.5厘米左右的优良母树冠的上、中部健壮枝条作压条。

压条时期：早春树液流动前进行。

压条繁殖的方法：在枝条基部外侧横锯约2/5，然后把枝条向里扳弯，使它从锯口处向上开裂成为两片，裂口长约6厘米。然后把裂开的一片插到有节的竹筒或塑料薄膜袋，用棕绳扎稳，再填入疏松碎肥土，常浇水，生根成活后，即可锯下栽种。

3. 育苗地管理

（1）淋水揭草：播种后注意浇水，保持土壤湿润；幼苗出土后，在阴天或傍晚，揭除盖草。

（2）间苗：当苗高7～8厘米时，间去病苗、弱苗，使苗木间距适当，分布均匀。

(3) 除草施肥：出苗后，将杂草除去，齐苗后开始施肥，施入人畜粪水 3~4 次，促进苗木健壮生长。

(4) 检查成活：嫁接后 15~25 天内检查成活情况，然后解除捆扎物和补接。

(5) 保护：枝接的要防风折断嫩梢，应立支柱绑缚；芽接的在冬季干旱结冻前，应培土保护。

种植

1. 种植地：选择向阳的低山、丘陵、荒地建园，要求疏松、肥沃、微酸性砂质壤土。全垦深翻，使土壤耕作深达 30 厘米。植前，挖好定植穴，穴的规格为 60×60×50 厘米，施腐熟堆肥，绿肥等有机肥。

2. 种植时间：春季 2~3 月。

3. 种植密度：株行距为 5×5 米，或 3×5 米。

4. 种植方法：带土移栽，若裸根可先蘸泥浆，适当剪除部分枝叶，每穴栽 1 株，栽时注意铺平根系，栽后覆土，稍压紧，使苗根部与土紧密结合，易于成活。

5. 种植地管理

(1) 除草：橘园中及四周，要经常除去杂草，以免消耗养份，滋生病虫害。

(2) 施肥：要按气候、土质、树龄的不同分别进行，幼树宜勤施薄肥，壮树施肥要多，但次数可减少。一般分别于 2~3 月份、5~6 月份、12 月份各追肥 1 次。肥料用人畜粪水、饼肥、过磷酸钙等，重施冬肥。施肥时挖浅环状沟施入，施后盖土。

(3) 修剪：每年修剪 2 次。第 1 次在 4~5 月份，剪去徒长枝；第 2 次在冬季，剪去病枝、枯枝、过密枝及枝干上的棘刺，使树冠外圆内空，通风透光。

病虫害防治

病害　主要有流胶病、疮痂病、脚腐病。

1. 流胶病：幼苗或成年树均可受害。防治方法：①选用抗病砧木；②发现病斑，及时刮治，用 1:10 高锰酸钾桐油合剂，涂抹伤口。

2. 疮痂病：病斑圆锥形，一面突起，多生于叶背面，病叶扭曲变形。防治方法：①剪除病叶，集中烧毁；②采用 1∶1∶300 倍波尔多液，于春季萌芽后和谢花后，各喷 1 次。

3. 脚腐病：常发生在根基部，以后蔓延至主干、根系、严重时植株死亡。防治方法：①选用抗病砧木；②用刀刮除病部，涂抹 1∶1∶300 倍波尔多液，刮治后培土，使之形成新根。

虫害 主要有红蜘蛛和蚜虫。

1. 红蜘蛛：危害叶片，使幼树生长不良，使成龄树在大量落叶时，减少开花，落果严重。防治方法：①清洁橘园，拾毁枯枝落叶，减少红蜘蛛藏身之处；②用 40% 乐果乳油 1 000 倍液喷杀或喷克螨特 2 000 ~ 3 000 倍液。

2. 蚜虫：以成虫和若虫吸食茎叶汁液。防治方法：用 40% 乐果稀释 1 000 倍喷杀。

采收与加工

采收 橘树栽后 5 ~ 6 年结果，10 ~ 11 月份果实成熟时采收。采摘时要用采果工具（果剪、采果梯、萝筐等），不能用棍打下，或用手摘而使果蒂留在枝上，这样会影响次年产量，且采的果实也易于腐烂。

加工 采下的果实，剥下果皮，晒干，即为橘皮。以块张大，肉质厚无水份，外色红肉色白，无杂质灰渣为合格。

（撰稿：贺红）

五十二、檀　香

檀香，又名旃檀、白檀、浴檀、真檀等。干燥心材供药用，是贵重而常用的中药材，有行气温中、开胃止痛的功效。用檀香提取的芳香挥发油称白檀油，在医药上用途很广泛，有清凉、强心等作用，并作尿道消毒剂，以治疗淋病等。此外，它的木材气香质致密，是我国雕刻工艺的高级原料，檀香扇就是用它制成的。

植物形态与适生环境

檀香为檀香科半寄生性常绿小乔木，高 6 ~ 9 米，胸径达 25 ~ 35厘米以上。树皮褐色，多分枝；单叶对生，叶片长椭圆状卵形或呈卵状披针形，叶全缘，上面绿色，下面苍白色；花序顶生或腋生，花小，初开时淡黄色，后转为紫红色；核果球形，熟时黑色，肉质多汁，内有种子 1 枚，种子圆形。花期 4 ~ 12 月，果期约开花 10 天后开始结果。

檀香是从国外引进的热带南药，在我国引种区，适宜生长的气候条件，年平均温度 21 ℃，最冷平均温度 13. 4 ℃，能正常生长，开花结果；能耐 0 ~2 ℃低温；短期霜冻，能安全越冬；只有在重霜冻期，嫩叶才受害。较耐干旱，忌积水，年降雨量 600 ~ 1 600毫米的地方，生长良好。喜阳，不耐荫蔽，只有阳光充足的环境，才能生长发育良好。稍干燥和石砾多的壤土为好，排水不良的黏土和沼泽地，常引起烂根、黄叶，甚至死亡。

檀香原主产于印度、印度尼西亚、澳大利亚、马来西亚等国。我国进口檀香作药用，已有 1 000 多年历史。我国引种檀香最早是台湾省，从 1913 年开始，广东于 1962 年引种试种获得成功，现广东省已有资源超过 1 万株，质量与进口檀香相差无几。云南、广西等省（区）也相继引种栽培。

栽培技术

育苗

1. 育苗地：宜选在地下水位较低，排水良好，土层深厚，肥沃、疏松的土壤，向阳开阔，病虫害较少的地块。

2. 育苗方法：主要有种子、扦插和嫁接繁殖。

（1）种子繁殖

选种：宜选择生长在阳光充足地段，7 ~ 8 年生，生长健壮、无病虫害的植株为采种母树。

采种与种子处理：檀香树一般定植3～4年后开始开花结果，果期长，成熟不一致。播种用的种子应采摘饱满、紫黑色的成熟果实，采回后立即用清水洗除果皮，将浮水的空瘪种子除去，置于干爽通风处阴干，后将种子拌以干净湿润的河沙贮藏于瓦盆。方法是：在瓦盆底部铺上一层数厘米厚的沙，然后每铺上一层种子，即覆盖一层3～4厘米的沙，最后用盖盖上。河沙不宜过干，否则起不到贮藏作用；过湿又会影响种子发芽，湿度要掌握在含水量2%左右，即以手捏成团，放开能松散为度。用沙量为种子的4～5倍，贮藏期间要保持沙的湿度。

播种期：沙藏至翌年5～7月温度较高时播种。

播种方法：檀香种子发芽慢而不整齐，在播种前可用亚硫酸浸种10分钟，洗净后再放入清水浸24小时，可促进种子提早发芽，整齐一致。为避免种子遭老鼠、蛴螬为害，可采用盆播育苗。播后要适当浇水，但湿度不宜过大，否则会引起种子霉烂。

寄主准备：檀香是半寄生植物，苗期就要有寄主。最好选择生长快、根系发达的草本或小灌木，如长春花、紫珠等，每袋栽2株，分栽左右两边，以便檀香移栽（播种）其中间。

移苗：当种子发芽出土后从其弯拱伸直时开始，到种子长出两对真叶为止，将小苗移至种有寄主植物的营养器中央，每个营养器植苗1～2株。袋土要求疏松肥沃，移栽后把袋苗放置半荫处或利用寄主遮荫，并注意喷水。小苗稳定后，可搬到全阳光处或剪去遮盖的寄主，继续培育。培育1年后，当苗高50厘米以上，叶色嫩绿，生长正常时，即可定植。

（2）扦插繁殖

插条选择和截取：选择生长健壮、1～2年生良种实生苗或扦插苗进行截干，待新芽生长20～30天后采枝扦插较好。母树截干高度以10厘米较好。插条采回后先用清水洗干净再剪。截成8～10厘米，具3～4个节，顶端带2片叶的枝段，顶梢和侧枝则去除下部分叶子。

扦插季节：在广州地区，6月截干，7~8月扦插为宜。

萌枝生根和移栽：萌枝扦插后15天，在插条切口处长出愈伤组织，30天左右从愈伤组织或插条基部长出1~3条粗根。然后把生根的插条移入种有寄主的营养袋。

(3) 嫁接繁殖

砧木、接穗的选取：选1年生基径0.3~1厘米的实生苗作砧木。接穗以选当年生的半木质化或微木质的绿枝段为好。

嫁接时间：广州地区6~10月为宜，成活率一般可达70%~80%。

嫁接方法：以腹接法为好。当月平均气温在20℃以下时，一般嫁接后30~40天，接穗上的芽点已开始萌动、增大，此时可断砧解绑；若月平均气温在25℃以上时，则约需20天左右。

3. 育苗地管理

(1) 淋水：檀香移苗后保持湿润很重要，应适当浇水，但幼苗对水分反应很敏感，雨水过多时要注意排水。

(2) 中耕除草：檀香叶子由黄转绿时，可进行中耕除草，但勿伤根系。

(3) 施肥：当幼苗长出4片真叶时，要及时施肥，人粪尿浓度以30%为宜，并以腐熟的人粪尿或猪粪尿等液肥再配合化肥（如硫酸铵）效果较好。施肥时切忌靠近枝叶，以免引起死亡或影响生长。在檀香出现黄苗时，一般不给其直接施肥，只给寄主植物追肥，增加寄主向檀香输送养分，促进檀香黄苗转绿。

种植

1. 种植地：宜选择山地、稀疏林地或灌木荒地，地形较开敞，光线充足的向阳南坡，以腐殖质多、排水良好的坡地为好。一般进行带垦或穴垦，穴的规格为60×60×50厘米，开穴后经过一段时间风化，再在穴内施厩肥作基肥，与土壤混合，在穴旁种上寄主。

2. 寄主植物的选择和配制：种植地的寄主植物以乔木或多

种灌木混作为佳，以免由于某种寄主植物出现死亡而影响檀香的正常生长。寄主植物不能高于檀香植株，目前多采用南洋楹、台湾相思、儿茶、安息香、苏木等，可与檀香隔行种植。

3．种植时间：除冬季外，其他季节均可定植，以雨季前期定植为好。

4．种植密度：株行距3×4米或4×4米。

5．种植方法：脱盆时为避免伤根，应保持土团完整无损，然后将苗带土团轻放在植穴内，盖上松土，压实。忌用双脚踩压土壤，以免压碎土团，损伤根系，影响成活。种植深度以土团面与地面齐平为宜。

6．种植地管理

（1）防止牲畜为害：栽植于荒山、次生林中的檀香，要加强保护，防止牲畜为害。

（2）松土、施肥：定植后可在植株周围小面积松土，让林地有适当的植被覆盖，并进行适当施肥，2～3月以施氮肥为主，如硫酸铵、尿素；7～8月挖穴压埋绿肥，每穴再撒过磷酸钙0.1公斤。

（3）寄主植物的管理：在定植初期，寄主缺株要及时补种，对寄主植物应适当施肥。当寄主植物生长过旺盛或遮盖檀香时，应修剪过密的枝叶。

（4）整枝：檀香是获取心材为药用，对3～4米以下的分枝适当修剪，以促进主干挺直生长。

病虫害防治

病害　主要有根腐病和立枯病。

1．根腐病：是檀香常见病，幼苗、幼龄树、成龄树均能发生。防治方法：①选好苗圃，要求地势高，排水良好；②发病初期用1∶1∶170倍波尔多液喷洒。

2．立枯病：土壤排水不良时易发生立枯病。受害苗木茎部呈黄褐色病斑，早上可见到白色的菌丝，扩大后病部呈黑褐色干缩凹陷，严重的病株枯死。防治方法：①选择排水良好的土壤作苗床，初期严格控制水分；②用50%托布津可湿性粉剂稀释2 000倍液喷洒，每5天1次，连续3～4次。

虫害 主要有檀香蠹蛾、檀香粉蝶和铜绿金龟子。

1. 檀香蠹蛾：又名钻心虫。每年6～7月，茎枝被幼虫为害后，上部枯死，遇强风折断。防治方法：①当幼虫尚未钻入心部，用钢丝从其入口处顺孔寻找，将其刺死；②用90%固体敌百虫稀释100倍液灌注蛀孔，然后堵塞蛀孔，毒杀幼虫。

2. 檀香粉蝶：又名斑马虫。幼虫为害叶片，严重时叶片全部被吃光，致使枝条枯死。防治方法：①结合田间管理，人工捕杀卵、幼虫、蛹；②用90%固体敌百虫稀释800倍液喷雾。

3. 铜绿金龟子：每年4～6月间，成虫于傍晚群出咬食叶片，严重者将一株或一大片树叶吃光。防治方法：①用40%乐果乳油稀释1 000倍喷杀；②可用灯光诱杀。

采收与加工

采收 一般种植30年，高10～15米，胸径25～33厘米时砍伐，锯成段。

加工 将段木去树皮和边材，取其心材晾干，即成为商品。药用檀香多为制造工艺品时所剩下的碎材、碎屑，也可蒸油，为檀香油。

（撰稿：刘军民）